国家级技工教育规划教材
全国技工院校化工类专业教材

分析操作技能实训

李学章　主编

中国劳动社会保障出版社

图书在版编目（CIP）数据

分析操作技能实训/李学章主编．--北京：中国劳动社会保障出版社，2024
全国技工院校化工类专业教材
ISBN 978－7－5167－6298－1

Ⅰ．①分…　Ⅱ．①李…　Ⅲ．①化学分析－技工学校－教材　Ⅳ．①O652

中国国家版本馆 CIP 数据核字（2024）第 054490 号

中国劳动社会保障出版社出版发行
（北京市惠新东街 1 号　邮政编码：100029）
*
北京市科星印刷有限责任公司印刷装订　　新华书店经销

787 毫米×1092 毫米　16 开本　13.25 印张　282 千字
2024 年 6 月第 1 版　　2024 年 6 月第 1 次印刷
定价：36.00 元

营销中心电话：400－606－6496
出版社网址：http://www.class.com.cn

《分析操作技能实训》编审委员会

主　　编：李学章

编　　者：（以姓氏笔画为序）

朱国军　中山市技师学院

李小丽　中山市技师学院

李丹莹　广东省城市技师学院

李学章　云南技师学院（云南工贸职业技术学院）

赵明古　云南技师学院（云南工贸职业技术学院）

魏　晋　中山市技师学院

主　　审：李　政　广东省南方技师学院

段立荣　云南天安化工有限公司

内容简介

本书是依据人力资源和社会保障部颁布的化工类、轻工类、医药类相关专业的课程标准、教学计划和教学大纲等教学材料，对接世界技能大赛“化学实验室技术”赛项技术标准，将“化学分析”和“仪器分析”的综合实训内容整合后编写。全书分为 8 个实训项目、24 个实训任务、8 个实训考核任务。8 个实训项目是酸碱滴定法操作技能实训、氧化还原滴定法操作技能实训、配位滴定法操作技能实训、沉淀滴定法操作技能实训、电化学分析法操作技能实训、分光光度法操作技能实训、原子吸收分光光度法操作技能实训、色谱分析法操作技能实训。每个实训项目包括 3 个任务单元，每个实训任务由任务书、任务分析、学习目标、思政融入点、知识平台、任务实施（采用标准、方法原理、仪器试剂、任务操作、数据记录、结果计算、结果评价）、想一想练一练、知识拓展、对接世赛组成。任务内容以典型实验为载体，融入知识学习，实现理论与实践的紧密结合，使学生在“做中学”和“学中做”，强化学习效果，激发学习兴趣。

本书内容丰富，紧密联系生产、生活实际，围绕职业能力的培养强化训练，实用性强，语言简练，逻辑清晰。书中采用了现行国家标准规定的术语、符号和单位，体现了科学性。本书可作为高职高专、五年制高职、技师学院及中职学校化工类、轻工类、医药类等专业的教学用书，也可作为技能大赛“化学实验室技术”赛项参赛人员和企业分析检验人员的培训用书。

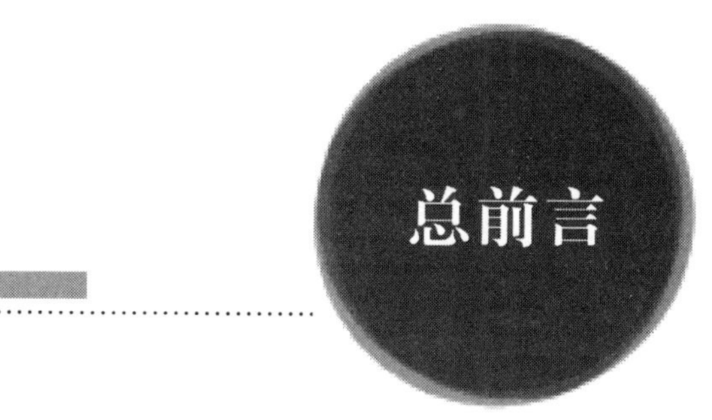

总前言

为了深入贯彻党的二十大精神和习近平总书记关于大力发展技工教育的重要指示精神，落实中共中央办公厅、国务院办公厅印发的《关于推动现代职业教育高质量发展的意见》，推进技工教育高质量发展，全面推进技工院校工学一体化人才培养模式改革，适应技工院校教学模式改革创新，同时为更好地适应技工院校化工类专业的教学要求，全面提升教学质量，我们组织有关学校的一线教师和行业、企业专家，在充分调研企业生产和学校教学情况、广泛听取教师意见的基础上，吸收和借鉴各地技工院校教学改革的成功经验，组织编写了本套全国技工院校化工类专业教材。

总体来看，本套教材具有以下特色：

第一，坚持知识性、准确性、适用性、先进性，体现专业特点。教材编写过程中，努力做到以市场需求为导向，根据化工行业发展现状和趋势，合理选择教材内容，做到“适用、管用、够用”。同时，在严格执行国家有关技术标准的基础上，尽可能多地在教材中介绍医药行业的新知识、新技术、新工艺和新设备，突出教材的先进性。

第二，突出职业教育特色，重视实践能力的培养。以职业能力为本位，根据化工专业毕业生所从事职业的实际需要，适当调整专业知识的深度和难度，合理确定学生应具备的知识结构和能力结构。同时，进一步加强实践性教学的内容，以满足企业对技能型人才的要求。

第三，创新教材编写模式，激发学生学习兴趣。按照教学规律和学生的认知规律，合理安排教材内容，并注重利用图表、实物照片辅助讲解知识点和技能点，为学生营造生动、直观的学习环境。部分教材采用工作手册式、新型活页式，全流程体现产教融合、校企合作，实现理论知识与企业岗位标准、技能要求的高度融合。部分教材在印刷工艺上采用了四色印刷，增强了教材的表现力。

本套教材配有习题册和多媒体电子课件等教学资源，方便教师上课使用，可以通过技工教育网（http://jg.class.com.cn）下载。另外，在部分教材中针对教学重点和难点制作了演示视频、音频等多媒体素材，学生可扫描二维码在线观看或收听相应内容。

本套教材的编写工作得到了北京、河南、山东、云南、江苏、江西、四川、广西、广东等省（自治区）人力资源社会保障厅（局）及有关学校的大力支持，教材编审人员做了大量的工作，在此我们表示诚挚的谢意。同时，恳切希望广大读者对教材提出宝贵的意见和建议。

本书前言

本教材是“化学分析”和“仪器分析”的综合实训教材，也是校企合作开发的基于工作过程、精选典型工作任务、突出实际操作、强化技能培养的特色教材。

本教材以就业为导向，以学生为中心，以能力为本位，以职业实践为主线，同时把思政教育渗透到教学过程中，按照分析检验人员的工作内容来组织课程内容，突出以食品、化工、药物检验等岗位/岗位群的岗位能力为核心，掌握本专业必需的专业知识、专业理论和专业技能，以提高操作技能为主要目标，设计出与人才培养目标紧密联系、适应技能型人才成长规律、以职业能力为主线的“双对接、课岗赛证、德能双修”的课程体系，从而达到“任务引领，做学一体”的实训效果。

全书分为 8 个实训项目、24 个实训任务、8 个实训考核任务。在编写中力求突出以下特点：

1. 创新编写模式，增强教材可读性。以“任务引领，做学一体”的课程设计思路为原则，以“能力本位”和“就业导向”为课程设计的整体目标，结合当前生活、生产现状和职教学生特点编写。

2. 严格按照行业企业生产实际需要，结合相关省赛、行业赛、国赛、世赛的技术标准和要求来选取内容，实现“课岗赛证”融通，确保全国各学校均能选用。

3. 在内容编排上，吸收行业发展的新知识、新技术、新方法，改变以知识能力点为体系的框架，以实践活动为主线组织编排教材内容。

4. 将思政内容和中华优秀传统文化等有机融入教材中，体现时代特色。

5. 对接世赛，将世赛的一些理念融入教材中。

6. 采用最新国家标准，科学性强。本书在编写过程中引入现代企业所使用的国家最新标准分析方法，力求体现新标准的内容和要求，引入新方法、新仪器和新技术，突出实践性、实用性和应用性。

7. 实训项目任务配有详细的结果评价，方便教师和学生进行任务完成情况的考核和评分。

本书由云南技师学院（云南工贸职业技术学院）李学章主编，中山市技师学院朱国军、李小丽、魏晋，广东省城市技师学院李丹莹及云南技师学院（云南工贸职业技术学院）赵明古参编。李学章负责项目一、项目六，朱国军负责项目七，李小丽负责项目八，魏晋负责项目五，李丹莹负责项目三、项目四，赵明古负责项目二。李学章负责修订实验内容，并负责全书的修改工作。云南天安化工有限公司段立荣、广东省南方技师学院李政对于本书的编写给予大力支持并提出许多宝贵的建议。

限于编者的水平，书中难免有缺点和不妥之处，恳请读者批评指正。

编者

2024 年 6 月

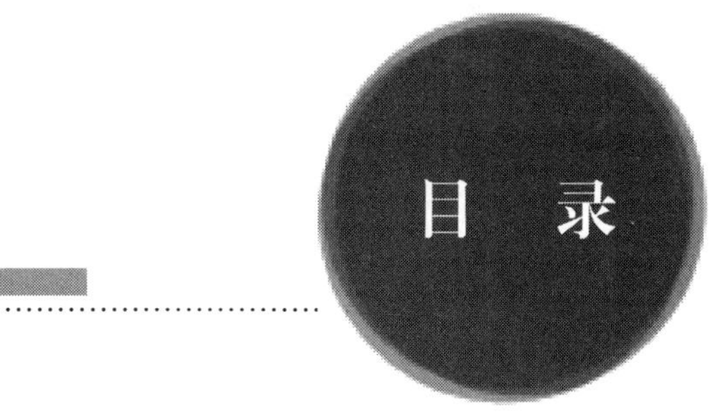

目 录

模块一　化学分析操作技能实训

模块二　仪器分析操作技能实训

模块一

化学分析操作技能实训

项目一

酸碱滴定法操作技能实训

项目描述

酸碱反应在工农业生产和日常生活中都有重要的作用，如可用氢氧化铝治疗胃酸过多、用氢氧化钙改良酸性土壤、用酸碱溶液处理工厂排放酸碱性不达标的废水等。

酸碱滴定法是利用酸碱反应进行容量分析的方法，用酸作滴定剂可以测定碱，用碱作滴定剂可以测定酸，用途极为广泛。最常用的酸标准滴定溶液是盐酸，标定它的基准物质是无水碳酸钠或硼砂；最常用的碱标准滴定溶液是氢氧化钠，标定它的基准物质是邻苯二甲酸氢钾或草酸。

如果物质的酸性、碱性不太弱，就可以在水溶液中用酸、碱标准溶液滴定。酸碱滴定法在工农业生产和医药卫生等领域都有非常重要的意义。三酸两碱（硝酸、硫酸、盐酸和氢氧化钠、碳酸钠）是重要的化工原料，它们均可用此法分析。在测定制造肥皂所用油脂的皂化值时，先用氢氧化钾的乙醇溶液与油脂反应，然后用盐酸返滴过量的氢氧化钾，从而计算出 1 g 油脂消耗多少毫克的氢氧化钾，作为制造肥皂时所需碱量的依据。又如很多药品是很弱的有机碱，可以在冰醋酸介质中用高氯酸滴定。

本项目通过操作技能训练，使学生掌握操作技能要点，理解酸碱平衡和酸碱滴定的基本知识，了解酸碱标准滴定溶液的配制及标定、工业硫酸纯度的测定、食醋总酸度的测定、工业烧碱中氢氧化钠和碳酸钠的含量测定、阿司匹林的含量测定等知识，能进行相关的操作和计算，对检测结果作出评价并出具检验报告。

任务一　工业硫酸纯度的测定

任务书

某校库存的工业硫酸已有 5 年以上，请同学们检测其含量是否合格。

任务分析

工业硫酸是一种油状液体，一般是无色透明状的，硫酸的密度比水的密度大，溶于水时放出大量的热，有强烈的腐蚀性和脱水性。其属于危险化学品，使用时要特别小心。

本任务主要是用给定的仪器及试剂来测定工业硫酸的含量，检验产品是否合格。一方面加强玻璃仪器的规范操作能力，另一方面提升学生观察终点的能力，减小实验过程中的误差。具体内容包括：

①制定实训方案。

②列举实训中的健康与安全、环境保护措施。

③配制指定的实验试剂溶液。

④制备硫酸试液（工业硫酸的稀释）。

⑤测定工业硫酸的纯度。

⑥处理数据并撰写工作报告。

⑦实验室组织与管理。

学习目标

知识目标	能力目标	素质目标
1. 讲述工业硫酸的危害和稀释方法； 2. 讲述工业硫酸的生产工艺和质量检验内容； 3. 说出工业硫酸纯度的测定原理和方法； 4. 解释强碱滴定强酸的反应原理及指示剂的选择； 5. 列举实训中存在的健康与安全、环境保护措施	1. 制定工业硫酸纯度的测定实训方案； 2. 配制指定的实验试剂溶液； 3. 展示液体试样的称取过程； 4. 展示工业硫酸的稀释过程； 5. 展示工业硫酸纯度的测定过程； 6. 计算工业硫酸的纯度； 7. 评价实训结果，展示工作报告	1. 遵守操作规程，爱惜仪器设备； 2. 营造规范、整洁、有序的工作环境； 3. 独立思考、发现问题、解决问题； 4. 提高安全意识、质量意识和环保意识； 5. 实验室组织与管理（8S 管理）

思政融入点

序号	授课内容	思政融入点
1	学生签到	世界观、人生观、价值观教育
2	硫酸灼伤事故案例分析	让学生明白自己未来所从事的工作与安全生产的重要关系及自身的重大责任，培养学生良好的职业素养
3	硫酸的工业生产	责任担当、社会主义生态文明观、节能减排
4	工业硫酸含量的检验	规范意识、标准意识、安全意识、责任意识、成本意识、节约意识、环保意识、竞争意识、团队合作精神、劳动精神、工匠精神、榜样的力量、职业素养等
5	实训结束工作	职业素养、劳动精神、环保意识

》知识平台

将一定比例的三氧化硫和水混合可制得硫酸。硫酸是许多工业产品的重要原料。在农业上主要用于生产化肥和农药。在工业上，如有机合成工业、金属冶炼、石油加工、无机制备、原子能工业等都要用到硫酸。所以硫酸号称“工业之母”名副其实。

接触法是目前广泛采用的生产硫酸的方法，它是将硫黄或黄铁矿在空气中燃烧或焙烧，得到二氧化硫气体，再将二氧化硫氧化为三氧化硫，最后用98.3% H_2SO_4化合成浓度更高的硫酸。

工业硫酸对人体的危害大致有3个途径——皮肤、消化器官和呼吸器官，分为急性和慢性危害。在稀释硫酸时，只能注酸入水，切不可注水入酸，以防酸液表面局部过热而发生爆炸喷酸事故。

》任务实施

★【采用标准】

《化学试剂　标准滴定溶液的制备》（GB/T 601—2016）、《化学试剂　试验方法中所用制剂及制品的制备》（GB/T 603—2023）、《工业硫酸》（GB/T 534—2014）

●【方法原理】

用氢氧化钠标准溶液滴定硫酸，其反应式为：$H_2SO_4 + 2NaOH \equiv Na_2SO_4 + 2H_2O$。

反应生成物为硫酸钠，化学计量点溶液呈中性，可选用甲基橙指示剂或甲基红－亚甲基蓝混合指示剂。

▲【仪器试剂】

仪器和试剂		准备情况
主要仪器	电子天平1台、小滴瓶1个、250 mL容量瓶4个、洗耳球1个、25 mL移液管1支、50 mL聚四氟滴定管1支、250 mL锥形瓶4个	
试剂	工业硫酸试样、0.1 mol/L氢氧化钠标准溶液、甲基红固体、亚甲基蓝固体、95%乙醇溶液	

◆【任务操作】

1. 配制指定的实验试剂溶液

根据现场提供的试剂，按要求配制甲基红－亚甲基蓝混合指示剂75 mL。

2. 工业硫酸质量分数的测定

用胶帽滴瓶准确称取工业硫酸样品1.5～2.0 g，置于已装有100 mL蒸馏水的250 mL容量瓶中，摇动冷却至室温，用水稀释至刻度，摇匀。用移液管吸取25 mL该试液至锥形瓶中，加甲基红－亚甲基蓝混合指示剂2滴，用0.1 mol/L氢氧化钠标准溶液滴定至溶液由红紫色变为绿色为终点，平行测定3次，同时做空白试验。记录氢氧化钠标准溶液的用量，计算工业硫酸的质量分数。

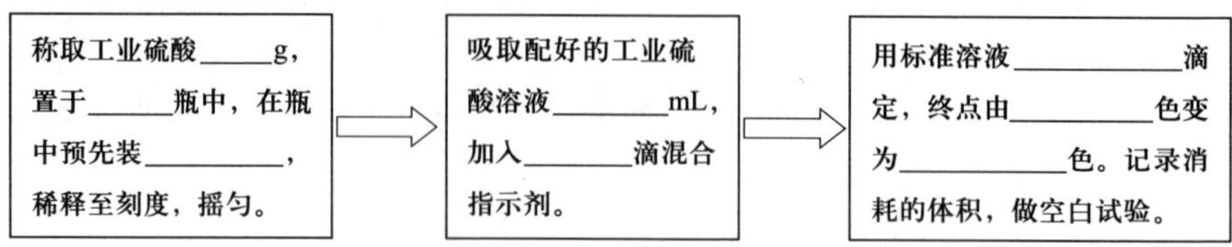
称取工业硫酸______g，置于______瓶中，在瓶中预先装__________，稀释至刻度，摇匀。

吸取配好的工业硫酸溶液________mL，加入________滴混合指示剂。

用标准溶液____________滴定，终点由__________色变为____________色。记录消耗的体积，做空白试验。

▼【数据记录】

测定项目	1	2	3
瓶+样重（取样前）/g			
瓶+样重（取样后）/g			
样重/g			
滴定管初读数/mL			
滴定管终读数/mL			
滴定消耗氢氧化钠标准溶液的体积/mL			
体积校正值/mL			
溶液温度/℃			
溶液温度校正值/mL			
实际消耗氢氧化钠标准溶液的体积/mL			
空白试验消耗氢氧化钠标准溶液的体积/mL			
氢氧化钠标准溶液的浓度/（mol/L）			
试样中被测组分硫酸的含量/%			
试样中被测组分硫酸的含量平均值/%			
平行测定结果的相对平均偏差/%			

☯【结果计算】

工业硫酸中硫酸（H_2SO_4）的质量分数 ω 按下式计算：

$$\omega = \frac{V \cdot c \cdot M}{2\,000m \times \frac{25}{250}} \times 100\%$$

式中 V——滴定消耗氢氧化钠标准溶液的体积，mL；

c——氢氧化钠标准溶液的浓度，mol/L；

M——硫酸的摩尔质量的数值（$M=98.08$），g/mol；

m——工业硫酸样品的质量，g。

✍【结果评价】

评分内容	评分项	评判类型	评分指标	指标分数描述	配分	得分
实验准备（20分）	个人健康、安全、仪器设备准备、溶液配制	测量	熟悉现场健康、安全和环境保护内容，写出相应措施	若实验操作正式开始前，未在报告纸上撰写相关内容，扣除所有分数；若内容缺项，按要点平均扣分	4	
		测量	全过程个人防护用品穿戴	若未按要求正确穿戴口罩、实验服、护目镜、手套等，扣除所有分数	2	
		测量	全过程无破碎玻璃器皿	如果不满足要求，扣除所有分数	2	
		测量	实验室器具贴标签	对于易混用玻璃器皿，若有一个未贴标签，扣除所有分数	2	
		测量	实验全过程干净整洁，无试剂溢出和洒落	如果不满足条件，扣除所有分数（去离子水可有些许洒落，须随手擦干）	2	
		测量	标签识读和试剂选用	如果不能正确识读和选用英文标识，导致药品试剂选择错误，扣除所有分数	2	
		测量	甲基红－亚甲基蓝混合指示剂的配制	如果物料计算错误或称量错误，或者未用95%乙醇的稀释方式，扣除所有分数	3	
		测量	在专用容器中处理废弃物	如果未在专用容器中处理废弃物，扣除所有分数	3	
实验操作（25分）	样品制备、含量测定、文明操作	测量	工业硫酸试液：配制	如果未按规范操作，每错1次扣除1分，直至扣完为止	3	
		测量	工业硫酸试液：移取	如果未按规范操作，每错1次扣除1分，直至扣完为止	3	
		测量	样品分析：滴定操作	如果未按规范操作、读数错误，每错1次扣除1分，直至扣完为止	3	
		测量	样品分析：滴定终点	如果某次颜色不是终点色，扣除1分，直至扣完为止	3	
		测量	样品分析：空白试验	如果未按规范操作，扣除所有分数	3	
		测量	原始数据记录	原始数据记录及时，须用规范纸张记录，规范改正数据，不缺项	3	
		测量	重大操作失误	存在重吸、重测行为，扣除所有分数	3	
		评判	工作场地组织和管理	工作场地混乱，玻璃仪器、试剂用完后未及时归位（未做完实验得0分）	1	
				工作场地有序，玻璃仪器、试剂用完后及时归位，个别仪器未及时归位	2	
				工作场地管理规范有序，所有玻璃仪器、试剂及时归位	3	
				工作场地管理规范有序，所有玻璃仪器、试剂及时归位且使用了其他的高效工作场地管理方法	4	

续表

评分内容	评分项	评判类型	评分指标	指标分数描述	配分	得分
结果报告（55分）	数据处理、撰写报告	测量	数据处理	如果未进行滴定管体积校正、温度校正，或计算过程及结果不正确，扣除所有分数	5	
		测量	有效数字保留与修约	如果有效数字保留或修约不正确，扣除所有分数	3	
		测量	样品测定的精密度	相对平均偏差≤0.15%，不扣分；0.15%<相对平均偏差≤0.30%，扣3分；0.30%<相对平均偏差≤0.45%，扣6分；0.45%<相对平均偏差≤0.60%，扣9分；相对平均偏差>0.60%，扣12分；未平行测定3次，不得分	12	
		测量	样品测定的准确度	|相对误差|≤0.15%，不扣分；0.15%<|相对误差|≤0.30%，扣3分；0.30%<|相对误差|≤0.45%，扣6分；0.45%<|相对误差|≤0.60%，扣9分；0.60%<|相对误差|≤0.75%，扣12分；|相对误差|>0.75%，扣15分；未平行测定3次或精密度未得分，均不得分	15	
		评判	报告编制	报告数据项目不全，结构混乱，无结论	5	
				报告数据项目全面且有结论，工作流程不连贯，结构不完整	10	
				报告数据全面且有正确结论，结构完整，且工作流程清晰	15	
				报告数据全面且有正确结论，结构完整，工作流程清晰，且包含科学的论据和创新内容	20	
合计					100	

想一想 练一练

1. 用氢氧化钠标准溶液滴定硫酸时，能否选用酚酞作指示剂，为什么？
2. 用胶帽滴瓶称量硫酸样品时，应注意什么？
3. 为什么要先在容量瓶中放一些水，然后注入硫酸样品？

知识拓展

1. 液体试样可以装在小滴瓶中用减量法称量。

2. 浓硫酸具有强烈的腐蚀性，会造成人体烧伤，为确保人身和设备的安全，操作或取样时必须穿防护服，佩戴防护眼镜和防护手套。

3. 称量时容量瓶内应预先放一定量的蒸馏水，边称量边摇动容量瓶，使其充分散热。

4. 实验室组织与管理（8S 管理）包括整理（seiri）、整顿（seiton）、清扫（seiso）、清洁（seiketsu）、素养（shitsuke）、安全（safety）、节约（save）、学习（study）。

对接世赛

1. 结合本次实训，请说明哪些健康与安全措施是必要的。

2. 结合本次实训，请说明需要哪些环境保护措施。

3. 撰写报告：请完成一份报告，内容包括实验过程中必须做好的健康、安全、环境保护措施，实验中的物料计算和过程记录、数据处理、结果的评价和问题分析。

4. 查阅相关专业英语资料，写出该任务实训中涉及的玻璃仪器、设备、化学试剂等的专业英语。

任务二　食醋总酸度的测定

任务书

食堂新购买了一批食醋，要进行含量分析。请利用酸碱滴定测定其含量，出具检验结果报告单。

任务分析

食醋是常见的生活必需品之一，主要通过酿造而得。食醋的质量关系人们的健康，马虎不得。但是不法商户为了获取更大利益，铤而走险，以次充好，很多食醋质量检测不合格。食醋质量检测中有一项非常重要的指标就是总酸度。

本任务主要是用给定的仪器及试剂测定食醋的总酸度，从而判断市场销售的食醋是否合格。具体内容包括：

①制定实训方案。

②列举实训中的健康与安全、环境保护措施。

③配制指定的实验试剂溶液。

④制备食醋试液。

⑤测定食醋的总酸度。

⑥处理数据并撰写工作报告。

⑦实验室组织与管理。

学习目标

知识目标	能力目标	素质目标
1. 列举食醋的功效与作用； 2. 讲述食醋的发明、食醋的区域性、食醋的生产差异和食醋质量的检测内容； 3. 说出食醋总酸度的测定原理和方法； 4. 解释强碱滴定弱酸的反应原理及指示剂的选择； 5. 列举实训中存在的健康与安全、环境保护措施	1. 制定食醋总酸度的测定实训方案； 2. 配制指定的实验试剂溶液； 3. 展示食醋试样的处理过程； 4. 展示食醋试样中总酸度的测定过程； 5. 计算食醋的含量； 6. 评价实训结果，展示工作报告	1. 遵守操作规程，爱惜仪器设备； 2. 营造规范、整洁、有序的工作环境； 3. 独立思考、发现问题、解决问题； 4. 提高安全意识、质量意识和环保意识； 5. 实验室组织与管理（8S 管理）

思政融入点

序号	授课内容	思政融入点
1	学生签到	世界观、人生观、价值观教育
2	食醋的发明	学习先辈探索未知事物的科学精神
3	食醋的区域性	文化的多样性和包容性——醋文化与地域的联系
4	食醋的生产差异	创新精神、职业道德、脱贫攻坚、中国梦
5	食醋的质量检测	规范意识、标准意识、安全意识、责任意识、成本意识、节约意识、环保意识、竞争意识、团队合作精神、劳动精神、工匠精神、榜样的力量、职业素养等
6	实训结束工作	职业素养、劳动精神、环保意识

知识平台

食醋是一种酸味调味剂，按生产方法的不同分为酿造食醋和人工合成食醋。酿造食醋是用含淀粉多的粮食原料、糖类原料、食用酒精等经过微生物发酵制成的。人工合成食醋是以冰乙酸为主要原料勾兑而成的。按食醋酿造工艺、原料、风味的不同，又可分为陈醋、香醋、米醋、熏醋、特醋、糖醋、麸醋、酒醋、白醋等。食醋的品种不同，酸度也有高低，一般在 2% ~9% 。我国著名的食醋有山西老陈醋、镇江香醋、河南老鳖一特醋、四川保宁醋、天津独流老醋、连云港滴醋、福建红曲老醋等。

我国酿造醋有两千多年的悠久历史，品种繁多，由于酿造的地理环境、原料与工艺不同，也出现了许多不同风味的食醋。随着人们对醋认识的深化，醋已从单纯的调味品发展成为烹调型、佐餐型、保健型和饮料型等系列。

食醋有一定消除疲劳、抗衰老、预防肥胖、养颜护肤、调节血液酸碱平衡、帮助消化、利尿、杀菌等作用，已从单纯的调味品逐渐转为食疗的著名食品之一。

任务实施

★【采用标准】

《化学试剂　标准滴定溶液的制备》（GB/T 601—2016）、《食品安全国家标准　食品中总酸的测定》（GB 12456—2021）

●【方法原理】

食醋中的主要成分是醋酸（有机弱酸，$K_a = 1.8 \times 10^{-5}$），此外还含有少量的其他弱酸（如乳酸等）。用氢氧化钠标准溶液滴定相应的酸，在化学计量点时溶液呈弱碱性，选用酚酞作指示剂，达到滴定终点时试液呈粉红色。可根据氢氧化钠标准溶液的浓度和用量，计算试样中的总酸度。

反应式：$CH_3COOH + NaOH = CH_3COONa + H_2O$

化学计量点：pH≈8.7

指示剂：酚酞

计量关系：n（CH_3COOH）$= n$（NaOH）

▲【仪器试剂】

仪器和试剂		准备情况
主要仪器	10 mL 吸量管 1 支、250 mL 容量瓶 4 个、洗耳球 1 个、25 mL 移液管 1 支、50 mL 聚四氟滴定管 1 支、250 mL 锥形瓶 4 个	
试剂	食醋试样、0.1 mol/L 氢氧化钠标准溶液、酚酞指示剂	

◆【任务操作】

1. 配制指定的实验试剂溶液

（1）制备无二氧化碳的蒸馏水约 1 200 mL。

（2）根据现场提供的试剂，按要求配制 10 g/L 的酚酞指示剂 30 mL。

2. 食醋含量的测定

用移液管吸取 25.00 mL 食醋试样至 250 mL 容量瓶中，用无二氧化碳的蒸馏水定容至刻度，摇匀。用快速滤纸过滤，收集滤液，用于测定。

用移液管吸取上述滤液 25.00 mL 置于锥形瓶中，加入 2 ~4 滴酚酞指示剂，摇匀，用已标定好的氢氧化钠标准溶液滴定至溶液呈微红色，30 s 内不褪色即为终点。平行测定 3 份，同时做空白试验。记录氢氧化钠标准溶液的体积，计算食醋中醋酸含量（g/L）。

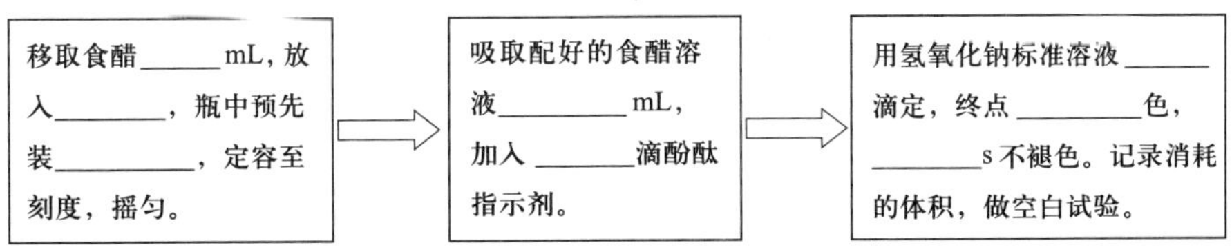

▼【数据记录】

测定项目	1	2	3
移取食醋试样的体积/mL			
移取食醋滤液的体积/mL			
滴定管初读数/mL			
滴定管终读数/mL			
滴定消耗氢氧化钠标准溶液的体积/mL			
体积校正值/mL			
溶液温度/℃			
溶液温度校正值/mL			
实际消耗氢氧化钠标准溶液的体积/mL			
空白试验消耗氢氧化钠标准溶液的体积/mL			
氢氧化钠标准溶液浓度/（mol/L）			
试样中的总酸度/（g/L）			
试样中的总酸度平均值/（g/L）			
平行测定结果的相对标准偏差/%			

【结果计算】

食醋中总酸度按下式计算：

$$X = \frac{[c \times (V_1 - V_2)] \cdot k \times F}{V} \times 1\ 000$$

式中 X——试样中总酸度，g/L；

V_1——试液消耗氢氧化钠标准滴定溶液的体积，mL；

V_2——空白消耗氢氧化钠标准滴定溶液的体积，mL；

c——氢氧化钠标准滴定溶液的浓度，mol/L；

k——酸的换算系数，苹果酸 0.067、乙酸 0.060、酒石酸 0.075、柠檬酸 0.064、乳酸 0.090、盐酸 0.036、硫酸 0.049、磷酸 0.049；

F——试液的稀释倍数；

V——吸取试样的体积，mL。

【结果评价】

评分内容	评分项	评判类型	评分指标	指标分数描述	配分	得分
实验准备（20 分）	个人健康、安全、仪器设备准备、溶液配制	测量	熟悉现场健康、安全和环境保护内容，写出相应措施	若实验操作正式开始前，未在报告纸上撰写相关内容，扣除所有分数；若内容缺项，按要点平均扣分	4	
		测量	全过程个人防护用品穿戴	若未按要求正确穿戴口罩、实验服、护目镜、手套等，扣除所有分数	2	

续表

评分内容	评分项	评判类型	评分指标	指标分数描述	配分	得分
实验准备（20分）	个人健康、安全、仪器设备准备、溶液配制	测量	全过程无破碎玻璃器皿	如果不满足要求，扣除所有分数	2	
		测量	实验室器具贴标签	对于易混用玻璃器皿，若有一个未贴标签，扣除所有分数	2	
		测量	实验全过程干净整洁，无试剂溢出和洒落	如果不满足条件，扣除所有分数（去离子水可有些许洒落，须随手擦干）	2	
		测量	标签识读和试剂选用	如果不能正确识读和选用英文标识，导致药品试剂选择错误，扣除所有分数	2	
		测量	无二氧化碳蒸馏水的制备	制备方法不正确或体积严重不足，扣除所有分数	2	
		测量	10 g/L 酚酞指示剂的配制	如果物料计算错误或称量错误，或者未用乙醇的稀释方式，扣除所有分数	2	
		测量	在专用容器中处理废弃物	如果未在专用容器中处理废弃物，扣除所有分数	2	
实验操作（25分）	样品制备、含量测定、文明操作	测量	食醋试液：配制	如果未按规范操作，每错1次扣除1分，直至扣完为止	3	
		测量	食醋试液：移取	如果未按规范操作，每错1次扣除1分，直至扣完为止	3	
		测量	样品分析：滴定操作	如果未按规范操作、读数错误，每错1次扣除1分，直至扣完为止	3	
		测量	样品分析：滴定终点	如果某次颜色不是终点色，扣除1分，直至扣完为止	3	
		测量	样品分析：空白试验	如果未按规范操作，扣除所有分数	3	
		测量	原始数据记录	原始数据记录及时，须用规范纸张记录，规范改正数据，不缺项	3	
		测量	重大操作失误	存在重吸、重测行为，扣除所有分数	3	
		评判	工作场地组织和管理	工作场地混乱，玻璃仪器、试剂用完后未及时归位（未做完实验得0分）	1	
				工作场地有序，玻璃仪器、试剂用完后及时归位，个别仪器未及时归位	2	
				工作场地管理规范有序，所有玻璃仪器、试剂及时归位	3	
				工作场地管理规范有序，所有玻璃仪器、试剂及时归位且使用了其他的高效工作场地管理方法	4	

续表

<table>
<tr><th>评分内容</th><th>评分项</th><th>评判类型</th><th>评分指标</th><th>指标分数描述</th><th>配分</th><th>得分</th></tr>
<tr><td rowspan="8">结果报告（55 分）</td><td rowspan="8">数据处理、撰写报告</td><td>测量</td><td>数据处理</td><td>如果未进行滴定管体积校正、温度校正，或计算过程及结果不正确，扣除所有分数</td><td>5</td><td></td></tr>
<tr><td>测量</td><td>有效数字保留与修约</td><td>如果有效数字保留或修约不正确，扣除所有分数</td><td>3</td><td></td></tr>
<tr><td>测量</td><td>样品测定的精密度</td><td>相对标准偏差 ≤ 0.15%，不扣分；0.15% < 相对标准偏差 ≤ 0.30%，扣 3 分；0.30% < 相对标准偏差 ≤ 0.45%，扣 6 分；0.45% < 相对标准偏差 ≤ 0.60%，扣 9 分；相对标准偏差 > 0.60%，扣 12 分；未平行测定 3 次，不得分</td><td>12</td><td></td></tr>
<tr><td>测量</td><td>样品测定的准确度</td><td>|相对误差| ≤ 0.15%，不扣分；0.15% < |相对误差| ≤ 0.30%，扣 3 分；0.30% < |相对误差| ≤ 0.45%，扣 6 分；0.45% < |相对误差| ≤ 0.60%，扣 9 分；0.60% < |相对误差| ≤ 0.75%，扣 12 分；|相对误差| > 0.75%，扣 15 分；未平行测定 3 次或精密度未得分，均不得分</td><td>15</td><td></td></tr>
<tr><td rowspan="4">评判</td><td rowspan="4">报告编制</td><td>报告数据项目不全，结构混乱，无结论</td><td>5</td><td></td></tr>
<tr><td>报告数据项目全面且有结论，工作流程不连贯，结构不完整</td><td>10</td><td></td></tr>
<tr><td>报告数据全面且有正确结论，结构完整，且工作流程清晰</td><td>15</td><td></td></tr>
<tr><td>报告数据全面且有正确结论，结构完整，工作流程清晰，且包含科学的论据和创新内容</td><td>20</td><td></td></tr>
<tr><td>合计</td><td colspan="4"></td><td>100</td><td></td></tr>
</table>

想一想 练一练

1. 什么叫食醋的总酸度？一般市场销售食醋的总酸度大概为多少？
2. 强碱滴定弱酸与强碱滴定强酸相比，在滴定过程中 pH 值的变化有哪些不同点？
3. 用酸碱滴定法测定总酸度的依据是什么？
4. 测定食醋时为什么要用酚酞作指示剂？为什么不可以用甲基橙或甲基红？
5. 稀释食醋试样时，容量瓶先加入约 100 mL 蒸馏水的作用是什么？

知识拓展

1. 食醋中醋酸的浓度较大，且颜色较深，故必须稀释后再进行滴定。

2. 测定醋酸含量时，所用的蒸馏水不能含有二氧化碳，否则二氧化碳会溶于水生成碳酸，将同时被滴定。

3. 食醋取样后应立即将试剂瓶盖盖好，防止挥发。

4. 测定醋酸含量，最好选用白醋，若选用颜色较深的食醋，对观察滴定终点有影响。应考虑对样品进行预处理或加大稀释倍数，以减小误差。

5. 数据处理时应注意最终结果的表示方式为 g/100 mL。

对接世赛

1. 请结合本次实训，说明哪些健康与安全措施是必要的。

2. 请结合本次实训，说明需要哪些环境保护措施。

3. 撰写报告：请完成一份报告，内容包括实验过程中必须做好的健康、安全、环境保护措施，实验中的物料计算和过程记录、数据处理、结果的评价和问题分析。

4. 查阅相关专业英语资料，写出该任务实训中涉及的玻璃仪器、设备、化学试剂等的专业英语。

任务三　工业烧碱中氢氧化钠和碳酸钠的含量测定

任务书

某化工企业实验室的一瓶氢氧化钠（也称苛性钠、烧碱、片碱）因密封保存不当，吸收了空气中的水分和二氧化碳，为了下一步的使用，要测定瓶中的物质组成及含量。请采用双指示剂法测定，出具检验结果报告单。

任务分析

通过对氢氧化钠相关标准的分析，可以知道碳酸钠是固体氢氧化钠中的杂质。劣质氢氧化钠因其存在杂质，不仅会影响使用效果，而且会对设备造成腐蚀和污染，延误正常的生产进度，增加设备维修的费用。如果你是化工产品分析检验人员，你如何检验市场上销售的固体氢氧化钠的品质？

本任务主要是用给定的仪器及试剂测定工业烧碱中氢氧化钠和碳酸钠的含量，从而判断氢氧化钠的等级。本实训难度较大，一是滴定终点难以判断，二是对测定原理的理解较为困难，三是计算量相对较大。

具体内容包括：

①制定实训方案。

②列举实训中的健康与安全、环境保护措施。

③配制指定的实验试剂溶液。

④制备混合碱试液。

⑤测定混合碱的含量。

⑥处理数据并撰写工作报告。

⑦实验室组织与管理。

学习目标

知识目标	能力目标	素质目标
1. 说出混合碱的组成； 2. 讲述混合碱的用途和质量检验内容； 3. 讲述双指示剂法测定混合碱的原理和方法； 4. 说出盐酸标准溶液的配制与标定； 5. 列举实训中存在的健康与安全、环境保护措施	1. 制定混合碱测定的实训方案； 2. 配制指定的实验试剂溶液； 3. 展示混合碱试样的处理过程； 4. 展示混合碱含量的测定过程； 5. 判断双指示剂法确定滴定终点的方法； 6. 判断混合碱的组成； 7. 计算混合碱的含量； 8. 评价实训结果，展示工作报告	1. 遵守操作规程，爱惜仪器设备； 2. 营造规范、整洁、有序的工作环境； 3. 独立思考、发现问题、解决问题； 4. 提高安全意识、质量意识和环保意识； 5. 实验室组织与管理（8S 管理）

思政融入点

序号	授课内容	思政融入点
1	课前学生签到	签到守时，不能代签，让学生树立诚信意识，养成准时守纪的良好习惯
2	中国混合碱市场需求分析及发展趋势	培养学生的爱国主义情怀、民族自豪感，增强中国特色社会主义道路自信、理论自信、制度自信、文化自信
3	混合碱含量的测定原理及测定过程	节约意识、环保意识、工匠精神、职业素养
4	学生分组自行设计配制辅助试剂溶液和测定混合碱的含量	培养学生的安全意识和团队合作完成任务的能力
5	在课堂上完成实验以及数据处理，在开始实验前认真计算，制定出合理的器材和试剂用量	培养节约意识、环保意识
6	在实验过程中规范操作，数据处理仔细严谨	专业知识技能 + 严谨态度 + 法治思维 + 工匠精神
7	混合碱的质量：实验结果评价	体现法治思维和社会主义核心价值观，突出化工产品质量是生产出来的，不是检验出来的，达到思政育人的目的和效果
8	实验结束后，认真整理实验室卫生	帮助学生树立正确的劳动态度，能够热爱劳动并且尊重他人的劳动成果

知识平台

氢氧化钠的用途十分广泛，由于它有很强的吸湿性，除了用作化学实验的试剂以外，还可用作碱性干燥剂。使用氢氧化钠最多的是化学药品制造业，其次是造纸、炼铝、炼钨、人造丝、人造棉和肥皂制造业。另外，在染料、塑料、药剂及有机中间体，旧橡胶的再生，制金属钠，水的电解，以及无机盐生产中制取硼砂、铬盐、锰酸盐、磷酸盐等，也要使用大量的氢氧化钠。

碳酸钠又叫纯碱，是一种易溶于水的白色粉末，溶液呈碱性，但分类属于盐，不属于碱。高温能分解，加热不分解。它是一种重要的无机化工原料，主要用于平板玻璃、玻璃制品和陶瓷釉的生产，还广泛用于生活洗涤、酸类中和以及食品加工等。

无机工业碱的成分一般有氢氧化钠、碳酸钠、碳酸氢钠，碱的组成存在 5 种可能：3 种组分中任一种单独存在，还有氢氧化钠和碳酸钠或碳酸钠和碳酸氢钠的混合物（氢氧化钠和碳酸氢钠不可能共存）。采用双指示剂法分析，能较为便捷地判断和测定出碱的组分及含量。

任务实施

★【采用标准】

《化学试剂 标准滴定溶液的制备》（GB/T 601—2016）、《工业用氢氧化钠》（GB/T 209—2018）、《工业用氢氧化钠 氢氧化钠和碳酸钠含量的测定》（GB/T 4348.1—2013）

●【方法原理】

1. 氢氧化钠含量的测定原理

在试样溶液中加入氯化钡，将碳酸钠转化为碳酸钡沉淀，然后以酚酞为指示剂，用盐酸标准滴定溶液滴定至终点。反应如下：

$$Na_2CO_3 + BaCl_2 \longrightarrow BaCO_3 \downarrow + 2NaCl \quad NaOH + HCl \longrightarrow NaCl + H_2O$$

2. 碳酸钠含量的测定原理

试样溶液使用溴甲酚绿－甲基红混合指示液，用盐酸标准滴定溶液滴定至终点，测得氢氧化钠和碳酸钠的总和，再减去氢氧化钠含量，则可测得碳酸钠含量。

▲【仪器试剂】

仪器和试剂		准备情况
主要仪器	电子天平 1 台、磁力搅拌器 1 台、250 mL 容量瓶 3 个、100 mL 试剂瓶 1 个、50 mL 移液管 1 支、50 mL 聚四氟滴定管 1 支、250 mL 锥形瓶 4 个	
试剂	混合碱试样、1 mol/L 盐酸标准滴定溶液、溴甲酚绿－甲基红混合指示液、10 g/L 酚酞指示液、氯化钡	

◆【任务操作】

1. 配制指定的实验试剂溶液

根据现场提供的试剂，按要求配制 100 g/L 的氯化钡溶液 50 mL。

2. 混合碱含量的测定

（1）试样溶液的制备。用称量瓶迅速称取固体氢氧化钠 7 g ± 1 g 或液体氢氧化钠 12 g ± 1 g（精确至 0.01 g）。将已称取的样品置于已盛有约 100 mL 水的 250 mL 容量瓶中，加水，溶解。冷却至室温，稀释至刻度，摇匀。

（2）氢氧化钠含量的测定。用单刻度吸量管移取 50 mL 试样溶液，注入 250 mL 三角瓶中，加入 10 mL 氯化钡溶液，加入 2 ~ 3 滴酚酞指示液，在磁力搅拌器搅拌下，用盐酸标准滴定溶液滴定至微红色为终点。记下滴定所消耗的盐酸标准滴定溶液的体积 V_1。

（3）氢氧化钠和碳酸钠含量的测定。用单刻度吸量管移取 50 mL 试样溶液，注入 250 mL 三角瓶中，加入 10 滴溴甲酚绿 - 甲基红混合指示液，在磁力搅拌器搅拌下，用盐酸标准滴定溶液滴定至暗红色为终点。记下滴定所消耗的盐酸标准滴定溶液的体积 V_2。

平行测定 3 次，计算试样中各组分的含量。

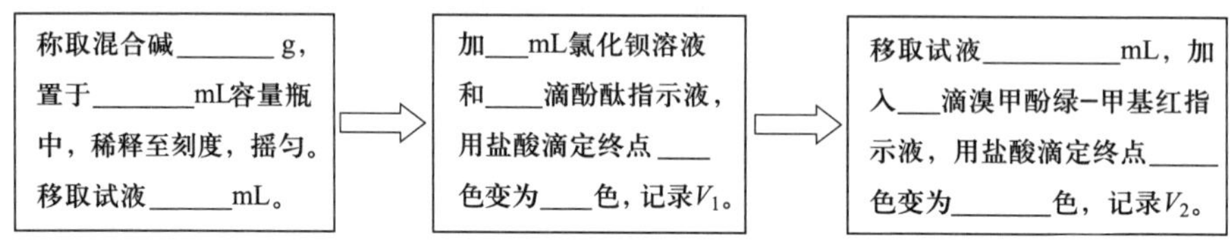

▼【数据记录】

测定项目	1	2	3
瓶 + 样重（倾样前）/g			
瓶 + 样重（倾样后）/g			
混合碱试样质量 m/g			
用酚酞作指示剂时，滴定消耗盐酸标准溶液体积 V_1/mL			
用溴甲酚绿 - 甲基红作指示剂时，滴定消耗盐酸标准溶液体积 V_2/mL			
盐酸标准溶液浓度/（mol/L）			
氢氧化钠的质量分数/%			
氢氧化钠的质量分数平均值/%			
氢氧化钠平行测定结果的相对标准偏差/%			
碳酸钠的质量分数/%			
碳酸钠的质量分数平均值/%			
碳酸钠平行测定结果的相对标准偏差/%			

☯【结果计算】

氢氧化钠含量以氢氧化钠（NaOH）质量分数 ω_1 计，数值以% 表示，按下式计算：

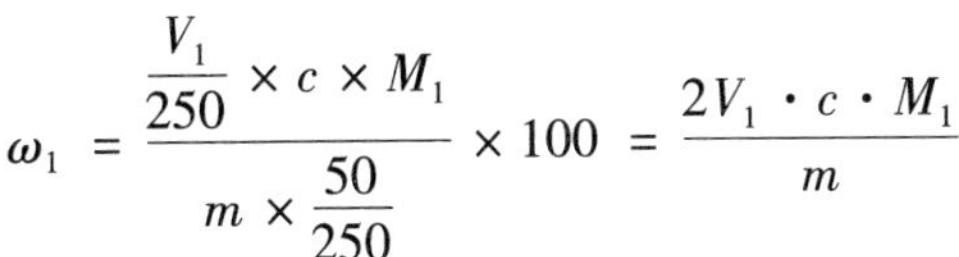

$$\omega_1 = \frac{\frac{V_1}{250} \times c \times M_1}{m \times \frac{50}{250}} \times 100 = \frac{2V_1 \cdot c \cdot M_1}{m}$$

碳酸钠含量以碳酸钠（Na_2CO_3）质量分数ω_2计，数值以%表示，按下式计算：

$$\omega_2 = \frac{\frac{V_2 - V_1}{250} \times c \times \frac{M_2}{2}}{m \times \frac{50}{250}} \times 100 = \frac{(V_2 - V_1) \cdot c \cdot M_2}{m}$$

式中 V_1——测定氢氧化钠含量所消耗盐酸标准滴定溶液的体积，mL；

V_2——测定氢氧化钠和碳酸钠总量所消耗盐酸标准滴定溶液的体积，mL；

c——盐酸标准滴定溶液的浓度，mol/L；

m——试样的质量，g；

M_1——氢氧化钠的摩尔质量（M_1 =40.00），g/mol；

M_2——碳酸钠的摩尔质量（M_2 =105.98），g/mol。

✍【结果评价】

评分内容	评分项	评判类型	评分指标	指标分数描述	配分	得分
实验准备（20分）	个人健康、安全、仪器设备准备、溶液配制	测量	熟悉现场健康、安全和环境保护内容，写出相应措施	若实验操作正式开始前，未在报告纸上撰写相关内容，扣除所有分数；若内容缺项，按要点平均扣分	4	
		测量	全过程个人防护用品穿戴	若未按要求正确穿戴口罩、实验服、护目镜、手套等，扣除所有分数	2	
		测量	全过程无破碎玻璃器皿	如果不满足要求，扣除所有分数	2	
		测量	实验室器具贴标签	对于易混用玻璃器皿，若有一个未贴标签，扣除所有分数	2	
		测量	实验全过程干净整洁，无试剂溢出和洒落	如果不满足条件，扣除所有分数（去离子水可有些许洒落，须随手擦干）	2	
		测量	标签识读和试剂选用	如果不能正确识读和选用英文标识，导致药品试剂选择错误，扣除所有分数	2	
		测量	100 g/L 的氯化钡溶液的配制	如果物料计算错误或称量错误，扣除所有分数	3	
		测量	在专用容器中处理废弃物	如果未在专用容器中处理废弃物，扣除所有分数	3	
实验操作（25分）	样品制备、含量测定、文明操作	测量	混合碱试液：配制	如果未按规范操作，每错1次扣除1分，直至扣完为止	3	
		测量	混合碱试液：移取	如果未按规范操作，每错1次扣除1分，直至扣完为止	3	
		测量	样品分析：滴定操作	如果未按规范操作、读数错误，每错1次扣除1分，直至扣完为止	4	

续表

<table>
<tr><th>评分内容</th><th>评分项</th><th>评判类型</th><th>评分指标</th><th>指标分数描述</th><th>配分</th><th>得分</th></tr>
<tr><td rowspan="7">实验操作（25分）</td><td rowspan="7">样品制备、含量测定、文明操作</td><td>测量</td><td>样品分析：滴定终点</td><td>如果某次颜色不是终点色，扣除1分，直至扣完为止</td><td>5</td><td></td></tr>
<tr><td>测量</td><td>原始数据记录</td><td>原始数据记录及时，须用规范纸张记录，规范改正数据，不缺项</td><td>3</td><td></td></tr>
<tr><td>测量</td><td>重大操作失误</td><td>存在重吸、重测行为，扣除所有分数</td><td>3</td><td></td></tr>
<tr><td rowspan="4">评判</td><td rowspan="4">工作场地组织和管理</td><td>工作场地混乱，玻璃仪器、试剂用完后未及时归位（未做完实验得0分）</td><td>1</td><td></td></tr>
<tr><td>工作场地有序，玻璃仪器、试剂用完后及时归位，个别仪器未及时归位</td><td>2</td><td></td></tr>
<tr><td>工作场地管理规范有序，所有玻璃仪器、试剂及时归位</td><td>3</td><td></td></tr>
<tr><td>工作场地管理规范有序，所有玻璃仪器、试剂及时归位且使用了其他的高效工作场地管理方法</td><td>4</td><td></td></tr>
<tr><td rowspan="8">结果报告（55分）</td><td rowspan="8">数据处理、撰写报告</td><td>测量</td><td>数据处理</td><td>计算过程及结果不正确，扣除所有分数</td><td>5</td><td></td></tr>
<tr><td>测量</td><td>有效数字保留与修约</td><td>如果有效数字保留或修约不正确，扣除所有分数</td><td>3</td><td></td></tr>
<tr><td>测量</td><td>样品测定的精密度</td><td>相对标准偏差≤0.15%，不扣分；0.15%<相对标准偏差≤0.30%，扣3分；0.30%<相对标准偏差≤0.45%，扣6分；0.45%<相对标准偏差≤0.60%，扣9分；相对标准偏差>0.60%，扣12分；未平行测定3次，不得分</td><td>12</td><td></td></tr>
<tr><td>测量</td><td>样品测定的准确度</td><td>|相对误差|≤0.15%，不扣分；0.15%<|相对误差|≤0.30%，扣3分；0.30%<|相对误差|≤0.45%，扣6分；0.45%<|相对误差|≤0.60%，扣9分；0.60%<|相对误差|≤0.75%，扣12分；|相对误差|>0.75%，扣15分；未平行测定3次或精密度未得分，均不得分</td><td>15</td><td></td></tr>
<tr><td rowspan="4">评判</td><td rowspan="4">报告编制</td><td>报告数据项目不全，结构混乱，无结论</td><td>5</td><td></td></tr>
<tr><td>报告数据项目全面且有结论，工作流程不连贯，结构不完整</td><td>10</td><td></td></tr>
<tr><td>报告数据全面且有正确结论，结构完整，且工作流程清晰</td><td>15</td><td></td></tr>
<tr><td>报告数据全面且有正确结论，结构完整，工作流程清晰，且包含科学的论据和创新内容</td><td>20</td><td></td></tr>
<tr><td>合计</td><td colspan="4"></td><td>100</td><td></td></tr>
</table>

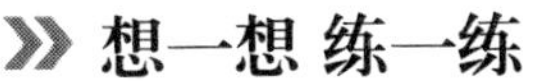

想一想 练一练

1. 只测定混合碱的总碱度，应选用哪种物质作指示剂？

2. 若滴定氢氧化钠时终点过量，对后续的碳酸钠测定结果有何影响？

3. 采用双指示剂法测定混合碱，在同一份溶液中滴定，结果如下，判断各混合碱的组成。

①$V_1=0$，$V_2>0$，组成________________________；

②$V_2=0$，$V_1>0$，组成________________________；

③$V_1=V_2>0$，组成________________________；

④$V_1>V_2>0$，组成________________________；

⑤$V_2>V_1>0$，组成________________________。

知识拓展

1. 工业纯碱中含有杂质和水分，组成不太均匀，应多称一些，使之具有代表性。并应预先在 270～300 ℃中处理成干燥试样。

2. 试样与试液不宜在空气中放置过久，以免吸收空气中的二氧化碳而影响分析结果。

3. 以酚酞为指示剂进行滴定时，滴定速度不要过快，应不断摇动，以防止局部酸的浓度过大，与碳酸钠进行反应，直接生成二氧化碳而逸出，造成碳酸钠的分析结果偏低。

4. 用递减法快速称量氢氧化钠时，尽量避免其吸收空气中的水蒸气和二氧化碳。

5. 混合碱具有腐蚀性，使用时应注意安全。

对接世赛

1. 请结合本次实训，说明哪些健康与安全措施是必要的。

2. 请结合本次实训，说明需要哪些环境保护措施。

3. 撰写报告：请完成一份报告，内容包括实验过程中必须做好的健康、安全、环境保护措施，实验中的物料计算和过程记录、数据处理、结果的评价和问题分析。

4. 查阅相关专业英语资料，写出该任务实训中涉及的玻璃仪器、设备、化学试剂等的专业英语。

考核任务　阿司匹林的含量测定

一、健康与安全

请说明哪些健康与安全措施是必要的，按要求执行。

二、环境保护

请说明是否需要采取环境保护措施。

三、原理

阿司匹林药片的主要成分为乙酰水杨酸，分子式为 $C_9H_8O_4$，是一种有机弱酸。用氢氧化钠溶液可将阿司匹林的羧酸及其他酸类物质的羧基完全中和。再用返滴定法定量加入已知过量的氢氧化钠标准溶液，加热使酯键发生水解，以盐酸标准溶液返滴定剩余的氢氧化钠，以求得阿司匹林的含量。

四、考核目标

1. 中性乙醇溶液的配制。
2. 乙酰水杨酸含量的测定。
3. 报告。

五、设备、 试剂与溶液

分析天平（精确到 0.1 mg）、水浴锅、研钵、其他实验辅助设备	滴定管、锥形瓶、量筒、移液管、滴管、洗瓶、洗耳球	阿司匹林样品、95% 乙醇溶液、酚酞指示剂（0.1% 乙醇溶液）、氢氧化钠标准溶液、盐酸标准溶液、去离子水

六、实验

1. 中性乙醇溶液的配制

量取 50 mL 95% 乙醇溶液置于锥形瓶中，加 2 ~ 3 滴酚酞指示剂，摇匀，用氢氧化钠标准溶液滴定至浅红色，并保存在 10 ℃以下，备用。

2. 乙酰水杨酸含量的测定

取 10 片阿司匹林样品，研细，准确称取粉末约 0.3 g，置于 250 mL 锥形瓶中，加入 20 mL 中性乙醇，摇动，使粉末完全溶解，滴加 3 ~ 4 滴酚酞指示剂，摇匀，用氢氧化钠标准溶液滴定，至粉红色且 30 s 内不褪色即为终点。

再加入 40.00 mL 氢氧化钠标准溶液，置于水浴上加热 15 min，不断摇动并迅速冷却溶液至室温。用盐酸标准溶液滴定剩余的氢氧化钠，当溶液的颜色由粉红色转变为无色，且 30 s 内不褪色即为终点。记录加入的氢氧化钠标准溶液的体积及滴定所消耗盐酸标准溶液的体积。

平行测定 3 次。计算阿司匹林中乙酰水杨酸的质量分数，用相对平均偏差表示测定结果的精密度。

3. 计算

$$\omega(C_9H_8O_4)=\frac{[c(NaOH)\cdot V_{NaOH}\times10^{-3}-c(HCl)\cdot V_{HCl}\times10^{-3}]\times M(C_9H_8O_4)}{m}\times100\%$$

式中　$\omega(C_9H_8O_4)$——乙酰水杨酸的质量分数，%；

V_{NaOH}——加入氢氧化钠标准溶液的体积，mL；

V_{HCl}——滴定消耗盐酸标准溶液的体积，mL；

$c(NaOH)$——氢氧化钠标准溶液的浓度，mol/L；

$c(HCl)$——盐酸标准溶液的浓度，mol/L；

$M(C_9H_8O_4)$——乙酰水杨酸的摩尔质量（$M=180.16$），g/mol；

m——称取阿司匹林样品的质量，g。

对接世赛

1. 请结合本次实训，说明哪些健康与安全措施是必要的。
2. 请结合本次实训，说明需要哪些环境保护措施。
3. 撰写报告：请完成一份报告，内容包括实验过程中必须做好的健康、安全、环境保护措施，实验中的物料计算和过程记录、数据处理、结果的评价和问题分析。
4. 查阅相关专业英语资料，写出该任务实训中涉及的玻璃仪器、设备、化学试剂等的专业英语。

【结果评价】

评分内容	评分项	评判类型	评分指标	指标分数描述	配分	得分
实验准备（20 分）	个人健康、安全、仪器设备准备、溶液配制	测量	熟悉现场健康、安全和环境保护内容，写出相应措施	若实验操作正式开始前，未在报告纸上撰写相关内容，扣除所有分数；若内容缺项，按要点平均扣分	4	
		测量	全过程个人防护用品穿戴	若未按要求正确穿戴口罩、实验服、护目镜、手套等，扣除所有分数	2	
		测量	全过程无破碎玻璃器皿	如果不满足要求，扣除所有分数	2	
		测量	实验室器具贴标签	对于易混用玻璃器皿，若有一个未贴标签，扣除所有分数	2	
		测量	实验全过程干净整洁，无试剂溢出和洒落	如果不满足条件，则扣除所有分数（去离子水可有些许洒落，须随手擦干）	2	

续表

评分内容	评分项	评判类型	评分指标	指标分数描述	配分	得分
实验准备（20分）	个人健康、安全、仪器设备准备、溶液配制	测量	标签识读和试剂选用	如果不能正确识读和选用英文标识，导致药品试剂选择错误，扣除所有分数	2	
		测量	中性乙醇溶液的配制	如果未按要求操作，扣除所有分数	3	
		测量	在专用容器中处理废弃物	如果未在专用容器中处理废弃物，扣除所有分数	3	
实验操作（25分）	样品制备、含量测定、文明操作	测量	阿司匹林试样的制备	如果未按规范操作，扣除所有分数	4	
		测量	样品的测定操作	如果未按规范操作、读数错误，每错1次扣除2分，直至扣完为止	6	
		测量	样品的测定终点	如果某次颜色不是终点色，扣除1分，直至扣完为止	5	
		测量	原始数据记录	原始数据记录及时，须用规范纸张记录，规范改正数据，不缺项	3	
		测量	重大操作失误	存在重称、重测行为，扣除所有分数	3	
		评判	工作场地组织和管理	工作场地混乱，玻璃仪器、试剂用完后未及时归位（未做完实验得0分）	1	
				工作场地有序，玻璃仪器、试剂用完后及时归位，个别仪器未及时归位	2	
				工作场地管理规范有序，所有玻璃仪器、试剂及时归位	3	
				工作场地管理规范有序，所有玻璃仪器、试剂及时归位且使用了其他的高效工作场地管理方法	4	
结果报告（55分）	数据处理、撰写报告	测量	数据处理	计算过程及结果不正确，扣除所有分数	6	
		测量	有效数字保留与修约	如果有效数字保留或修约不正确，扣除所有分数	5	
		测量	样品测定的精密度	相对平均偏差≤0.15%，不扣分；0.15%＜相对平均偏差≤0.30%，扣3分；0.30%＜相对平均偏差≤0.45%，扣6分；0.45%＜相对平均偏差≤0.60%，扣9分；相对平均偏差＞0.60%，扣12分；未平行测定3次，不得分	12	
		测量	样品测定的准确度	$\lvert$相对误差$\rvert$≤0.15%，不扣分；0.15%＜$\lvert$相对误差$\rvert$≤0.30%，扣3分；0.30%＜$\lvert$相对误差$\rvert$≤0.45%，扣6分；0.45%＜$\lvert$相对误差$\rvert$≤0.60%，扣9分；$\lvert$相对误差$\rvert$＞0.60%，扣12分；未平行测定3次或精密度未得分，均不得分	12	
		评判	报告编制	报告数据项目不全，结构混乱，无结论	5	

续表

评分内容	评分项	评判类型	评分指标	指标分数描述	配分	得分
结果报告（55 分）	数据处理、撰写报告	评判	报告编制	报告数据项目全面且有结论，工作流程不连贯，结构不完整	10	
				报告数据全面且有正确结论，结构完整，且工作流程清晰	15	
				报告数据全面且有正确结论，结构完整，工作流程清晰，且包含科学的论据和创新内容	20	
合计					100	

项目二

氧化还原滴定法操作技能实训

项目描述

氧化还原滴定法是以溶液中氧化剂和还原剂之间的电子转移为基础的一种滴定分析方法。与酸碱滴定法和配位滴定法相比较，氧化还原滴定法应用非常广泛，它不仅可用于无机分析，还可以广泛用于有机分析，许多具有氧化性或还原性的有机化合物可以用氧化还原滴定法测定。

氧化还原反应广泛存在于日常生活及生产活动中，且物质的氧化性或还原性强弱不同。目前，习惯上按氧化剂的名称命名氧化还原滴定法，包括高锰酸钾法、重铬酸钾法、碘量法、溴量法、铈量法等。

本项目通过操作技能训练，使学生理解氧化还原反应和氧化还原滴定的基本知识，了解工业双氧水中过氧化氢含量的测定、维生素 C 片中抗坏血酸含量的测定、铁矿石中铁含量的测定、胆矾样品中铜含量的测定等知识，会进行相关的操作和计算，会对检测结果作出评价并出具检验报告。

任务一　工业双氧水中过氧化氢含量的测定

任务书

本任务是通过高锰酸钾（$KMnO_4$）法滴定分析，测定一瓶没有标签的双氧水样品的过氧化氢（H_2O_2）含量，标示样品，以备实际使用。

任务分析

过氧化氢俗称双氧水，可分为医用、军用和工业用三大类。日常消毒一般用含量为3%或3%以下的水溶液，主要用于体表伤口杀菌消毒或物体表面消毒；工业用的含量一般为30%～35%，主要用作氧化剂、漂白剂等；军用的双氧水含量为99%以上，可作为火箭动力的助燃剂。

本任务主要是用给定的仪器及试剂测定工业双氧水中过氧化氢的含量，从而判断过氧化氢的含量是否合格。具体内容包括：

①制定实训方案。

②列举实训中的健康与安全、环境保护措施。

③配制指定的实验试剂溶液。

④制备双氧水试液。

⑤测定双氧水中过氧化氢的含量。

⑥处理数据并撰写工作报告。

⑦实验室组织与管理。

学习目标

知识目标	能力目标	素质目标
1. 列举双氧水的功效与作用； 2. 讲述双氧水的生产和质量检验内容； 3. 说出双氧水中过氧化氢含量的测定原理和方法； 4. 解释高锰酸钾作为自身指示剂指示终点的原理； 5. 列举实训中存在的健康与安全、环境保护措施	1. 制定双氧水中过氧化氢含量的测定实训方案； 2. 配制指定的实验试剂溶液； 3. 展示双氧水试样的处理过程； 4. 展示双氧水中过氧化氢含量的测定过程； 5. 计算双氧水中过氧化氢的含量； 6. 评价实训结果，展示工作报告	1. 遵守操作规程，爱惜仪器设备； 2. 营造规范、整洁、有序的工作环境； 3. 独立思考、发现问题、解决问题； 4. 提高安全意识、质量意识和环保意识； 5. 实验室组织与管理（8S 管理）

思政融入点

序号	授课内容	思政融入点
1	课前学生签到	签到守时，不能代签，让学生树立诚信意识，养成准时守纪的良好习惯
2	双氧水中过氧化氢含量的测定原理及测定过程	节约意识、环保意识、工匠精神、职业素养
3	学生分组自行设计配制辅助试剂溶液和测定过氧化氢的含量	培养学生的安全意识和团队合作完成任务的能力
4	课堂上完成实验以及数据处理，在开始实验前认真计算，确定合理的器材和试剂用量	培养节约意识、环保意识

续表

序号	授课内容	思政融入点
5	实验过程中规范操作，数据处理仔细严谨	发挥精益求精的工匠精神
6	实验结束后，认真整理实验室卫生	帮助学生树立正确的劳动态度，能够热爱劳动并且尊重他人的劳动成果
7	课后及时进行反思，想一想课上所听所学对自己的世界观、人生观和价值观有何触动，在社会主义职业道德和个人品德等方面有什么新认识	在实际操作环节强调精益求精的工匠精神，在环境整理环节培养劳动精神等，做到德技并修。除需掌握专业技能外，还应具备创新精神、科学精神、职业精神和工匠精神

》知识平台

双氧水的外观为无色透明液体，是一种强氧化剂。在一般情况下会分解成水和氧气，但分解速度极慢，加快其反应速度的办法是加入催化剂——二氧化锰或用短波射线照射。

双氧水是医药、卫生行业上广泛使用的消毒剂，日常用作消毒的是医用双氧水，其可杀灭肠道致病菌、化脓性球菌、致病酵母菌，一般用于物体表面消毒。双氧水具有氧化作用，用浓度等于或低于3%的医用双氧水擦拭创伤面会有灼烧感，创伤表面被氧化成白色并冒气泡，这时用清水清洗即可，过3～5 min就会恢复原来的肤色。

处理厨房下水道的异味，可到药店购买双氧水加水加洗衣粉倒进下水道，能起到去污、消毒、杀菌的作用。高浓度过氧化氢有强烈的腐蚀性，吸入过氧化氢蒸气或雾气对呼吸道有强烈刺激性。眼直接接触双氧水可致不可逆损伤甚至失明。口服会中毒，出现腹痛、胸口痛、呼吸困难、呕吐、暂时性运动和感觉障碍、体温升高等症状。

》任务实施

★【采用标准】

《化学试剂　标准滴定溶液的制备》（GB/T 601—2016）、《工业过氧化氢》（GB/T 1616—2014）

●【方法原理】

在稀硫酸溶液中，室温条件下，过氧化氢能被高锰酸钾定量氧化为氧气和水。因此，可以用高锰酸钾法直接测定过氧化氢的含量。以高锰酸钾自身为指示剂。其反应式如下：

$$5H_2O_2 + 2MnO_4^- + 6H^+ \!=\!=\!= 2Mn^{2+} + 8H_2O + 5O_2\uparrow$$

滴定开始时，滴入第一滴溶液褪色后，才能加入第二滴，产物 Mn^{2+} 催化自身反应，滴定速度才可适当加快。至终点呈微红色，30 s内不褪色，这时可根据高锰酸钾标准溶液的用量计算过氧化氢的含量。

▲【仪器试剂】

仪器和试剂		准备情况
主要仪器	250 mL 容量瓶 4 个、刻度吸量管 1 支、25 mL 移液管 1 支、50 mL 聚四氟滴定管 1 支、250 mL 锥形瓶 4 个	
试剂	工业双氧水样品（约 30%）、浓硫酸、0.1 mol/L（1/5 高锰酸钾）标准溶液	

◆【任务操作】

1. 配制指定的实验试剂溶液

根据现场提供的试剂，按要求配制 3 mol/L 的硫酸溶液 100 mL。

2. 双氧水中过氧化氢含量的测定

用刻度吸量管准确移取工业双氧水样品 2.00 mL，放入已装有 200 mL 蒸馏水的 250 mL 容量瓶中，用蒸馏水稀释至刻度，摇匀。用移液管准确移取 25 mL 此溶液置于锥形瓶中，加 3 mol/L 的硫酸溶液 20 mL，以 0.1 mol/L（1/5 高锰酸钾）标准溶液滴定至溶液呈微红色并保持 30 s 不褪色为终点。平行测定 3 次，同时做空白试验，计算双氧水中过氧化氢的含量（g/L）。

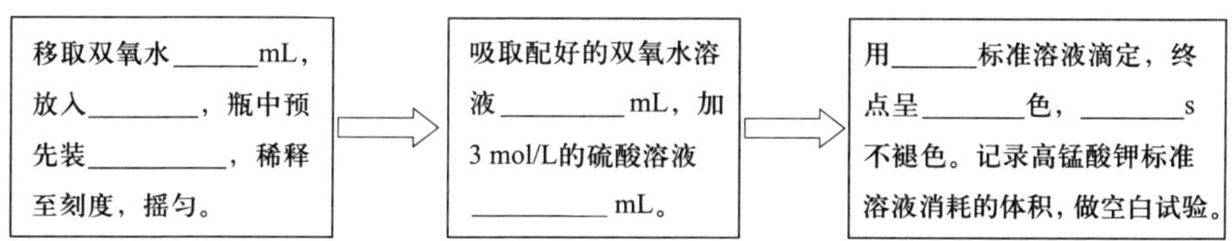

▼【数据记录】

测定项目	1	2	3
移取双氧水的体积/mL			
滴定管初读数/mL			
滴定管终读数/mL			
滴定消耗高锰酸钾标准溶液体积/mL			
体积校正值/mL			
溶液温度/℃			
溶液温度校正值/mL			
实际消耗高锰酸钾标准溶液体积/mL			
空白消耗高锰酸钾标准溶液体积/mL			
（1/5 高锰酸钾）标准溶液的浓度/（mol/L）			
过氧化氢的含量/（g/L）			
过氧化氢的含量平均值/（g/L）			
平行测定结果的相对极差/%			

☯【结果计算】

过氧化氢的含量以质量浓度（g/L）表示：

$$\rho(H_2O_2) = \frac{c \cdot (V_1 - V_0) \cdot M}{V \times \frac{25.00}{250}}$$

式中 ρ——质量浓度，g/L；

V_0——空白消耗高锰酸钾标准溶液的用量，mL；

V_1——实际消耗高锰酸钾标准溶液的用量，mL；

V——移取工业双氧水试样的体积，mL；

c——（1/5 高锰酸钾）标准溶液的浓度，mol/L；

M——（1/2 过氧化氢）的摩尔质量（$M=17.01$），g/mol。

✍【结果评价】

评分内容	评分项	评判类型	评分指标	指标分数描述	配分	得分
实验准备（20 分）	个人健康、安全、仪器设备准备、溶液配制	测量	熟悉现场健康、安全和环境保护内容，写出相应措施	若实验操作正式开始前，未在报告纸上撰写相关内容，扣除所有分数；若内容缺项，按要点平均扣分	4	
		测量	全过程个人防护用品穿戴	若未按要求正确穿戴口罩、实验服、护目镜、手套等，扣除所有分数	2	
		测量	全过程无破碎玻璃器皿	如果不满足要求，扣除所有分数	2	
		测量	实验室器具贴标签	对于易混用玻璃器皿，若有一个未贴标签，扣除所有分数	2	
		测量	实验全过程干净整洁，无试剂溢出和洒落	如果不满足条件，扣除所有分数（去离子水可有些许洒落，须随手擦干）	2	
		测量	标签识读和试剂选用	如果不能正确识读和选用英文标识，导致药品试剂选择错误，扣除所有分数	2	
		测量	3 mol/L 硫酸溶液的配制	如果物料计算错误、量取错误或者配制方法错误，扣除所有分数	3	
		测量	在专用容器中处理废弃物	如果未在专用容器中处理废弃物，扣除所有分数	3	
实验操作（25 分）	样品制备、含量测定、文明操作	测量	双氧水试液：配制	如果未按规范操作，每错 1 次扣除 1 分，直至扣完为止	3	
		测量	双氧水试液：移取	如果未按规范操作，每错 1 次扣除 1 分，直至扣完为止	3	
		测量	样品分析：滴定操作	如果未按规范操作、读数错误，每错 1 次扣除 1 分，直至扣完为止	3	
		测量	样品分析：滴定终点	如果某次颜色不是终点色，扣除 1 分，直至扣完为止	3	
		测量	样品分析：空白试验	如果未按规范操作，扣除所有分数	3	

续表

评分内容	评分项	评判类型	评分指标	指标分数描述	配分	得分
实验操作（25 分）	样品制备、含量测定、文明操作	测量	原始数据记录	原始数据记录及时，须用规范纸张记录，规范改正数据，不缺项	3	
		测量	重大操作失误	存在重吸、重测行为，扣除所有分数	3	
		评判	工作场地组织和管理	工作场地混乱，玻璃仪器、试剂用完后未及时归位（未做完实验得 0 分）	1	
				工作场地有序，玻璃仪器、试剂用完后及时归位，个别仪器未及时归位	2	
				工作场地管理规范有序，所有玻璃仪器、试剂及时归位	3	
				工作场地管理规范有序，所有玻璃仪器、试剂及时归位且使用了其他的高效工作场地管理方法	4	
结果报告（55 分）	数据处理、撰写报告	测量	数据处理	如果未进行滴定管体积校正、温度校正，或计算过程及结果不正确，扣除该项的所有分数	5	
		测量	有效数字保留与修约	如果有效数字保留或修约不正确，扣除所有分数	3	
		测量	样品测定的精密度	相对极差≤0.15%，不扣分；0.15% < 相对极差≤0.30%，扣 3 分；0.30% < 相对极差≤0.45%，扣 6 分；0.45% < 相对极差≤0.60%，扣 9 分；相对极差 > 0.60%，扣 12 分；未平行测定 3 次，不得分	12	
		测量	样品测定的准确度	|相对误差|≤0.15%，不扣分；0.15% < |相对误差|≤0.30%，扣 3 分；0.30% < |相对误差|≤0.45%，扣 6 分；0.45% < |相对误差|≤0.60%，扣 9 分；0.60% < |相对误差|≤0.75%，扣 12 分；|相对误差| > 0.75%，扣 15 分；未平行测定 3 次或精密度未得分，均不得分	15	
		评判	报告编制	报告数据项目不全，结构混乱，无结论	5	
				报告数据项目全面且有结论，工作流程不连贯，结构不完整	10	
				报告数据全面且有正确结论，结构完整，且工作流程清晰	15	
				报告数据全面且有正确结论，结构完整，工作流程清晰，且包含科学的论据和创新内容	20	
合计					100	

想一想 练一练

1. 用高锰酸钾法测定过氧化氢时，能否用硝酸或盐酸控制酸度？
2. 过氧化氢与高锰酸钾的反应较慢，能否通过加热溶液加快反应速度？为什么？
3. 为什么要把市场销售的双氧水稀释后再滴定？
4. 若取样量不准确，实际体积小于 2.00 mL，对测定结果会产生什么影响？

知识拓展

1. 滴定开始时，反应较慢，但不能加热，以防过氧化氢分解。滴定速度也应该相应慢些，待 Mn^{2+} 生成后，反应可加快。

2. 滴定时，每次待 MnO_4^- 的红紫色消失后再继续滴定，也可以在滴定开始前加几滴硫酸锰溶液作催化剂。

3. 双氧水中存在有机物时，会消耗高锰酸钾标准溶液，使测定结果偏高，遇此情况可改用碘量法。

4. 为了减少过氧化氢因挥发、分解所带来的误差，每份过氧化氢样品应在测定前量取。

5. 高锰酸钾为深色溶液，因此读数时视线要与液面上沿处于同一水平，读取液面最高点。

对接世赛

1. 请结合本次实训，说明哪些健康与安全措施是必要的。

2. 请结合本次实训，说明需要哪些环境保护措施。

3. 撰写报告：请完成一份报告，内容包括实验过程中必须做好的健康、安全、环境保护措施，实验中的物料计算和过程记录、数据处理、结果的评价和问题分析。

4. 查阅相关专业英语资料，写出该任务实训中涉及的玻璃仪器、设备、化学试剂等的专业英语。

任务二　维生素 C 片中抗坏血酸含量的测定

任务书

本次任务，采用直接碘量法，对某药厂生产的维生素 C 片中的抗坏血酸含量进行测定，判断其质量优劣。

任务分析

维生素 C 是一种还原剂，有预防和治疗坏血病、促进身体健康的作用，所以又称为抗坏血酸，其可用于预防坏血病，也可用于各种急慢性传染疾病、紫癜等的辅助治疗。本任务主要是用给定的仪器及试剂测定维生素 C 片中抗坏血酸的含量，从而判断抗坏血酸的含量是否合格。具体内容包括：

①制定实训方案。

②列举实训中的健康与安全、环境保护措施。

③配制指定的实验试剂溶液。

④制备维生素 C 片试液。

⑤测定维生素 C 片中抗坏血酸的含量。

⑥处理数据并撰写工作报告。

⑦实验室组织与管理。

学习目标

知识目标	能力目标	素质目标
1. 列举维生素 C 的功效与作用； 2. 讲述维生素 C 的发现和质量检验内容； 3. 说出维生素 C 片中抗坏血酸含量的测定原理和方法； 4. 解释淀粉作为专属指示剂指示终点的原理； 5. 讲述直接碘量法的操作过程； 6. 列举实训中存在的健康与安全、环境保护措施	1. 制定维生素 C 片中抗坏血酸含量的测定实训方案； 2. 配制指定的实验试剂溶液； 3. 展示维生素 C 片试样的处理过程； 4. 展示维生素 C 片中抗坏血酸含量的测定过程； 5. 计算维生素 C 片中抗坏血酸的含量； 6. 评价实训结果，展示工作报告	1. 遵守操作规程，爱惜仪器设备； 2. 营造规范、整洁、有序的工作环境； 3. 独立思考、发现问题、解决问题； 4. 提高安全意识、质量意识和环保意识； 5. 实验室组织与管理（8S 管理）

思政融入点

序号	授课内容	思政融入点
1	课前学生签到	签到守时，不能代签，让学生树立诚信意识，养成准时守纪的良好习惯
2	案例介绍：维生素 C 的发明	学习先辈追求未知事物的探究精神和科学精神
3	维生素 C 含量的测定原理及测定过程	节约意识、环保意识、工匠精神、职业素养
4	学生分组自行设计配制辅助试剂溶液和测定维生素 C 的含量	培养学生的安全意识和团队合作完成任务的能力
5	课堂上完成实验以及数据处理，在开始实验前认真计算，确定合理的器材和试剂用量	培养节约意识、环保意识
6	实验过程中规范操作，数据处理仔细严谨	专业知识技能 + 严谨态度 + 法治思维 + 工匠精神
7	维生素 C 的质量：实验结果评价	体现法治思维和社会主义核心价值观，突出药品质量是生产出来的，不是检验出来的，达到思政育人的目的和效果
8	实验结束后，认真整理实验室卫生	帮助学生树立正确的劳动态度，自己热爱劳动并且能够尊重他人的劳动成果

知识平台

早在哥伦布发现美洲大陆的航行中，就发生过多次船员生病、乏力、牙龈出血，甚至死亡的情况。在1519年航海家麦哲伦的航行中发生同样的情况，到达目的地后，200名船员只剩下35人。另外，人们发现在荒漠中长期行军或被长期围困在城堡中缺少食物的人也会出现类似现象。后来，人们称这种病症为坏血病，但找不到发病原因，对于如何治疗也束手无策。

直到18世纪，英国海军医师詹姆斯·林德发现坏血病都发生在船员身上，而包括他自己在内的船长等管理人员，却没有人得坏血病。一次他到船员的餐厅用餐，发现船员只有面包与腌肉可供食用，而船长还有马铃薯与高丽菜芽。

林德医师认为新鲜蔬果或许可以治疗坏血病。后来，他们遇到了满载柳橙与柠檬的荷兰货船，林德医师就买了柳橙与柠檬，用于治疗坏血病人，效果非常好。他又将病人分成两组，吃一样的食物，但有一组病人另外补充了柑橘类水果。结果补充水果的这组病人，坏血病有了明显的改善。

到20世纪，预防坏血病的物质终于被研究出来，其被命名为抗坏血酸，也就是维生素C。

维生素C是一种水溶性维生素，水果和蔬菜中含量丰富。食物中的维生素C被人体小肠上段吸收，并分布到体内所有的水溶性结构中。正常成人体内的维生素C代谢活性池中约有1 500 mg维生素C，最高储存峰值为3 000 mg。其在氧化还原代谢反应中起调节作用，人体如果缺乏它可引起坏血病。正常情况下，维生素C绝大部分在体内经代谢分解成草酸或与硫酸结合生成抗坏血酸-2-硫酸由尿排出，另一部分可直接由尿排出体外。

维生素C的主要作用是提高免疫力，预防动脉硬化，治疗贫血，预防癌症、心脏病、中风，保护牙齿和牙龈，提高人体的免疫力，提高机体的应激能力，合成胶原蛋白等。所以如果缺乏维生素C，不能正常合成胶原蛋白，会导致细胞连接障碍。

任务实施

★【采用标准】

《化学试剂　标准滴定溶液的制备》（GB/T 601—2016）、《饲料添加剂　L-抗坏血酸（维生素C）》（GB 7303—2018）

●【方法原理】

维生素C分子中的烯二醇基具有较强的还原性，能被弱氧化剂碘定量地氧化为二酮基，其反应如下：

$$\text{(O=C\!-\!O\!-\!CH\!-\!C(OH)\!=\!C(OH)\text{ ring})}\!-\!\underset{H}{\overset{OH}{C}}\!-\!CH_2OH + I_2 \underset{}{\overset{HAc}{\rightleftharpoons}} \text{(O=C\!-\!O\!-\!CH\!-\!C(=O)\!-\!C(=O)\text{ ring})}\!-\!\underset{H}{\overset{OH}{C}}\!-\!CH_2OH + 2HI$$

可在稀醋酸溶液中，用碘标准溶液直接测定维生素 C 的含量。

▲【仪器试剂】

仪器和试剂		准备情况
主要仪器	电子天平 1 台、50 mL 聚四氟滴定管 1 支、250 mL 锥形瓶 4 个	
试剂	维生素 C 样品、冰醋酸、5 g/L 淀粉溶液、0.1 mol/L 碘标准溶液	

◆【任务操作】

1. 配制指定的实验试剂溶液

根据现场提供的试剂，按要求配制 6%（体积分数）的乙酸溶液 80 mL。

2. 抗坏血酸含量的测定

准确称取维生素 C 样品约 0.2 g（若试样为粒状或片状，各取 1 粒或 1 片）置于锥形瓶中，加 6% 的乙酸溶液 10 mL，加新煮沸过的冷却蒸馏水 100 mL，待样品溶解完全后，加入 1 mL 淀粉指示液，用碘标准溶液滴定至溶液由无色变为浅蓝色（30 s 内不褪色）即为终点。平行测定 3 次，同时做空白试验，计算抗坏血酸的含量。

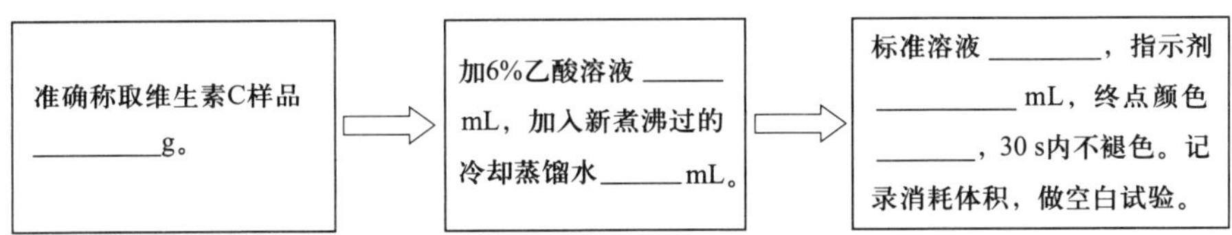

▼【数据记录】

测定项目	1	2	3
瓶 + 样重（取样前）/g			
瓶 + 样重（取样后）/g			
样重/g			
滴定管初读数/mL			
滴定管终读数/mL			
滴定消耗碘标准溶液体积/mL			
体积校正值/mL			
溶液温度/℃			
溶液温度校正值/mL			
实际消耗碘标准溶液体积/mL			
空白试验消耗碘标准溶液体积/mL			
碘标准溶液浓度/（mol/L）			
试样中抗坏血酸的含量/%			
试样中抗坏血酸的含量平均值/%			
平行测定结果的相对极差/%			

【结果计算】

抗坏血酸（维生素 C）（以 $C_6H_8O_6$ 计）的质量分数 ω，数值以% 表示，按下式计算：

$$\omega = \frac{c \times (V - V_0) \times 0.08806}{m} \times 100\%$$

式中 V——试样滴定消耗碘标准滴定溶液的体积，mL；

V_0——空白试验滴定消耗碘标准滴定溶液的体积，mL；

c——碘标准滴定溶液的浓度，mol/L；

m——试样的质量，g；

0.088 06——每 1 mL 的 1 mol/L 碘标准滴定溶液相当于 0.088 06 g 的抗坏血酸（维生素 C）。

【结果评价】

评分内容	评分项	评判类型	评分指标	指标分数描述	配分	得分
实验准备（20 分）	个人健康、安全、仪器设备准备、溶液配制	测量	熟悉现场健康、安全和环境保护内容，写出相应措施	若实验操作正式开始前，未在报告纸上撰写相关内容，扣除所有分数；若内容缺项，按要点平均扣分	4	
		测量	全过程个人防护用品穿戴	若未按要求正确穿戴口罩、实验服、护目镜、手套等，扣除所有分数	2	
		测量	全过程无破碎玻璃器皿	如果不满足要求，扣除所有分数	2	
		测量	实验室器具贴标签	对于易混用玻璃器皿，若有一个未贴标签，扣除所有分数	2	
		测量	实验全过程干净整洁，无试剂溢出和洒落	如果不满足条件，扣除所有分数（去离子水可有些许洒落，须随手擦干）	2	
		测量	标签识读和试剂选用	如果不能正确识读和选用英文标识，导致药品试剂选择错误，扣除所有分数	2	
		测量	6% 的乙酸溶液的配制	如果物料计算错误或量取错误，扣除所有分数	3	
		测量	在专用容器中处理废弃物	如果未在专用容器中处理废弃物，扣除所有分数	3	
实验操作（25 分）	样品制备、含量测定、文明操作	测量	维生素 C 样品的称取	如果未按规范操作，每错 1 次扣除 1 分，直至扣完为止	3	
		测量	维生素 C 样品的制备	如果未按规范操作，每错 1 次扣除 1 分，直至扣完为止	3	
		测量	样品分析：滴定操作	如果未按规范操作、读数错误，每错 1 次扣除 1 分，直至扣完为止	3	
		测量	样品分析：滴定终点	如果某次颜色不是终点色，扣除 1 分，直至扣完为止	3	
		测量	样品分析：空白试验	如果未按规范操作，扣除所有分数	3	
		测量	原始数据记录	原始数据记录及时，须用规范纸张记录，规范改正数据，不缺项	3	

续表

评分内容	评分项	评判类型	评分指标	指标分数描述	配分	得分
实验操作（25 分）	样品制备、含量测定、文明操作	测量	重大操作失误	存在重称、重测行为，扣除所有分数	3	
		评判	工作场地组织和管理	工作场地混乱，玻璃仪器、试剂用完后未及时归位（未做完实验得 0 分）	1	
				工作场地有序，玻璃仪器、试剂用完后及时归位，个别仪器未及时归位	2	
				工作场地管理规范有序，所有玻璃仪器、试剂及时归位	3	
				工作场地管理规范有序，所有玻璃仪器、试剂及时归位且使用了其他的高效工作场地管理方法	4	
结果报告（55 分）	数据处理、撰写报告	测量	数据处理	如果未进行滴定管体积校正、温度校正，或计算过程及结果不正确，扣除该项的所有分数	5	
		测量	有效数字保留与修约	如果有效数字保留或修约不正确，扣除所有分数	3	
		测量	样品测定的精密度	相对极差≤0.15%，不扣分；0.15% < 相对极差≤0.30%，扣 3 分；0.30% < 相对极差≤0.45%，扣 6 分；0.45% < 相对极差≤0.60%，扣 9 分；相对极差 > 0.60%，扣 12 分；未平行测定 3 次，不得分	12	
		测量	样品测定的准确度	|相对误差|≤0.15%，不扣分；0.15% < |相对误差|≤0.30%，扣 3 分；0.30% < |相对误差|≤0.45%，扣 6 分；0.45% < |相对误差|≤0.60%，扣 9 分；0.60% < |相对误差|≤0.75%，扣 12 分；|相对误差| > 0.75%，扣 15 分；未平行测定 3 次或精密度未得分，均不得分	15	
		评判	报告编制	报告数据项目不全，结构混乱，无结论	5	
				报告数据项目全面且有结论，工作流程不连贯，结构不完整	10	
				报告数据全面且有正确结论，结构完整，且工作流程清晰	15	
				报告数据全面且有正确结论，结构完整，工作流程清晰，且包含科学的论据和创新内容	20	
合计					100	

想一想 练一练

1. 为什么溶解样品时用新煮沸并冷却的蒸馏水?
2. 为什么要在醋酸酸性条件下测定维生素 C 样品?
3. 淀粉指示剂应在什么时候加入，终点颜色如何变化? 与间接碘量法比较，有何不同?
4. 如何配制碘标准溶液?

知识拓展

1. 注意节约碘液，冲洗滴定管或未滴完的碘液应倒入回收瓶中。

2. 碘的易挥发性是造成碘量法误差的主要原因，在酸性溶液中，碘离子易被空气中的氧气氧化。避免的方法是加过量碘化钾使之生成 I_3^-。可使用碘量瓶水封，滴定温度不高于 25 ℃，不剧烈摇动。

3. 碘溶液有腐蚀性，应避免与橡胶等有机物接触，碘溶液见光、受热时浓度容易改变，所以碘溶液应置于具塞的棕色玻璃瓶中，密闭，在阴凉处保存。

4. 因抗坏血酸（维生素 C）很容易被氧化，在实验过程中动作要快。

对接世赛

1. 请结合本次实训，说明哪些健康与安全措施是必要的。

2. 请结合本次实训，说明需要哪些环境保护措施。

3. 撰写报告：请完成一份报告，内容包括实验过程中必须做好的健康、安全、环境保护措施，实验中的物料计算和过程记录、数据处理、结果的评价和问题分析。

4. 查阅相关专业英语资料，写出该任务实训中涉及的玻璃仪器、设备、化学试剂等的专业英语。

任务三　铁矿石中铁含量的测定

任务书

铁矿石是钢铁工业的基础原料，在地质勘探和矿石的选冶上，都需了解其主要组分铁的含量。本任务是采用“无汞法”检测某批铁矿石样品中的铁含量，以确定其品位。

任务分析

铁矿石的种类主要有磁铁矿（Fe_3O_4）、赤铁矿（Fe_2O_3）和菱铁矿（$FeCO_3$）等。铁含量测定包括试样的溶解、还原预处理和滴定分析。不同品位的铁矿石的冶炼技术和经济成本

不一样，冶炼的经济价值更不一样。与有汞检测法相比，“无汞法”可以避免对环境的污染，是非常实用的铁含量分析法。

本任务主要是用给定的仪器及试剂测定铁矿石中铁的含量，从而判断铁矿石的品位。具体内容包括：

①制定实训方案。

②列举实训中的健康与安全、环境保护措施。

③配制指定的实验试剂溶液。

④配制重铬酸钾标准溶液。

⑤制备铁矿石试液。

⑥测定铁矿石中铁的含量。

⑦处理数据并撰写工作报告。

⑧实验室组织与管理。

学习目标

知识目标	能力目标	素质目标
1. 说出重铬酸钾标准溶液的配制方法； 2. 列举铁矿石的种类和来源； 3. 讲述铁矿石试样的处理和质量检验内容； 4. 说出铁矿石中铁含量的测定原理和方法； 5. 解释钨酸钠、二苯胺磺酸钠作为指示剂指示终点的原理； 6. 列举实训中存在的健康与安全、环境保护措施	1. 制定铁矿石中铁含量的测定实训方案； 2. 配制指定的实验试剂溶液； 3. 示范重铬酸钾标准溶液的配制过程； 4. 展示铁矿石试样的处理过程； 5. 展示铁矿石中铁含量的测定过程； 6. 计算铁矿石中铁的含量； 7. 评价实训结果，展示工作报告	1. 遵守操作规程，爱惜仪器设备； 2. 营造规范、整洁、有序的工作环境； 3. 独立思考、发现问题、解决问题； 4. 提高安全意识、质量意识和环保意识； 5. 实验室组织与管理（8S 管理）

思政融入点

序号	授课内容	思政融入点
1	课前学生签到	签到守时，不能代签，让学生树立诚信意识，养成准时守纪的良好习惯
2	重铬酸钾标准溶液的配制过程	精益求精的工匠精神、职业精神
3	铁含量的测定原理及测定过程	节约意识、环保意识、工匠精神、职业素养
4	学生分组自行设计配制辅助试剂溶液和测定铁的含量	培养学生的安全意识和团队合作完成任务的能力
5	课堂上完成实验以及数据处理，在开始实验前认真计算，确定合理的器材和试剂用量	培养节约意识、环保意识，培养探究与创新精神、科学精神

续表

序号	授课内容	思政融入点
6	实验过程中规范操作，数据处理仔细严谨	专业知识技能 + 严谨态度 + 法治思维 + 工匠精神
7	铁矿石品位：实验结果评价	质量意识、职业素养和社会责任感
8	实验结束后，认真整理实验室卫生	帮助学生树立正确的劳动态度，自己热爱劳动并且能够尊重他人的劳动成果

» 知识平台

铁矿石是含有铁单质或铁化合物、能够经济利用的矿物集合体，凡是含有可经济利用的铁元素的矿石叫作铁矿石。天然矿石（铁矿石）经过破碎、磨碎、磁选、浮选、重选等程序逐渐选出铁。

目前，我国易选的铁矿资源日益减少。我国铁矿资源的特点是贫矿多、富矿少、伴生矿产多、矿石组分比较复杂、矿石嵌布粒度大多较细，这些给选矿造成了一定的困难。从技术上讲，迫切需要先进的技术、工艺和设备推动贫铁矿资源的高效开发与利用。从经济效益来讲，对于贫铁矿，选矿厂必须扩大生产规模，扩大原矿的处理能力，节能降耗，降低选矿加工成本，才会有较好的经济效益。

铁矿石的品位指的是铁矿石中铁元素的质量分数，通俗来说就是铁含量。比如，铁矿石的品位为62 是指其中铁元素的质量分数为62%。一般低于50 品位的铁矿石需要经过选矿才能冶炼利用。

近年来，全球钢铁工业迅速发展，对铁矿石的需求量不断增大，进而促进全球铁矿石产量不断增长。从需求来看，铁矿石是生产生铁的主要原材料，近年来，我国生铁产量也一直大幅增长。

» 任务实施

★【采用标准】

《化学试剂　标准滴定溶液的制备》（GB/T 601—2016）、《铁矿石　全铁含量的测定　三氯化钛还原后滴定法》（GB/T 6730.5—2022）

●【方法原理】

1. 试样用盐酸加热溶解

$$Fe_2O_3 + 6HCl \longrightarrow 2FeCl_3 + 3H_2O$$

2. Fe^{3+} 的还原

在热溶液中，用氯化亚锡还原大部分 Fe^{3+}，然后以钨酸钠为指示剂，用三氯化钛溶液定量还原剩余部分 Fe^{3+}，直至过量的一滴三氯化钛溶液使钨酸钠还原，生成蓝色的五价钨化合物（俗称“钨蓝”），溶液呈蓝色，再滴加重铬酸钾溶液使钨蓝刚好褪色。

$$2Fe^{3+} + Sn^{2+} \longrightarrow 2Fe^{2+} + Sn^{4+}$$

$$Fe^{3+} + Ti^{3+} \longrightarrow Fe^{2+} + Ti^{4+}$$

3. 试样溶液的滴定

溶液中的 Fe^{2+}，在硫、磷混酸介质中以二苯胺磺酸钠为指示剂，用重铬酸钾标准溶液滴定至紫色为终点。

$$6Fe^{2+} + Cr_2O_7^{2-} + 14H^+ \longrightarrow 6Fe^{3+} + 2Cr^{3+} + 7H_2O$$

▲【仪器试剂】

	仪器和试剂	准备情况
主要仪器	电子天平 1 台、250 mL 容量瓶 3 个、可控温电炉 1 台、50 mL 聚四氟滴定管 1 支、250 mL 锥形瓶 4 个	
试剂	基准试剂重铬酸钾、铁矿石试样、(1∶1) 盐酸、10% 氯化亚锡溶液、10% 钨酸钠指示剂、1.5% 三氯化钛溶液、浓硫酸、磷酸、2 g/L 二苯胺磺酸钠指示剂	

◆【任务操作】

1. 配制指定的实验试剂溶液

根据现场提供的试剂，按要求配制硫酸 - 磷酸 - 水混合酸（2∶5∶3）50 mL。

2. 重铬酸钾标准溶液的配制（浓度约为 0.05 mol/L）

用减量法称取适量的、已在 120 ℃ ±2 ℃的电烘箱中干燥至恒量的基准试剂重铬酸钾，溶于水，移入 250 mL 容量瓶中，用水定容并摇匀。

3. 铁含量的测定

准确称取 0.2 ~0.3 g 预先在 120 ℃烘箱中烘 1 ~2 h 并冷却的铁矿石试样，置于 250 mL 锥形瓶中，加几滴蒸馏水润湿，加 10 mL（1∶1）盐酸，盖上表面皿，缓慢加热，使试样溶解（残渣为白色或近于白色二氧化硅），溶液为橙黄色，用少量水冲洗表面皿，加热近沸。

趁热滴加氯化亚锡溶液还原三价铁，并不时摇动锥形瓶中溶液，直到溶液保持淡黄色，加水约 10 mL，然后加钨酸钠指示剂 1 mL，用三氯化钛溶液还原至溶液呈蓝色。加水约 60 mL，放置 10 ~20 s，再用重铬酸钾标准溶液滴至钨蓝色刚好消失。冷却至室温，立即加 10 mL 硫磷混酸和 4 ~5 滴二苯胺磺酸钠指示液，用重铬酸钾标准滴定溶液滴定至溶液刚呈紫色时为终点，记录重铬酸钾标准滴定溶液消耗的体积。平行测定 3 次，计算铁矿石中的铁含量。

注：平行试样可以同时溶解，但溶解完全后，应每还原一份试样，立即滴定，以免 Fe^{2+} 被氧化。

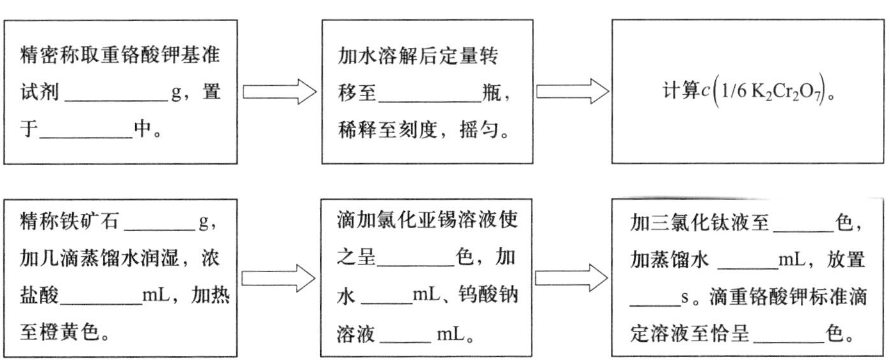

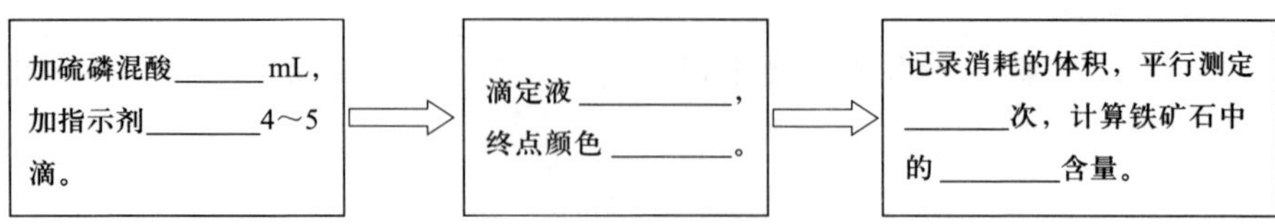

▼【数据记录】

	仪器规格	250 mL	25 mL	1 mL	备用
仪器校正	校正后体积/mL				
	溶液温度/℃				
	温度补正值/（mL/L）				
	溶液温度校正值/ mL				
	$V_{实}$（实际体积）/ mL				

项目 \ 测定次数	1	2	3	备用
m（倾样前）/g				
m（倾样后）/g				
m（重铬酸钾质量）/g				
c（$1/6K_2Cr_2O_7$）/（mol/L）				
滴定管初读数/ mL				
滴定管终读数/ mL				
$V_{消}$（滴定消耗体积）/ mL				
体积校正值/ mL				
溶液温度/℃				
溶液温度补正值/（mL/L）				
溶液温度校正值/ mL				
$V_{实}$（实际消耗体积）/ mL				
ω（Fe）/%				
$\bar{\omega}$（Fe）/%				
平行测定的相对标准偏差/%				

☯【结果计算】

1. 计算重铬酸钾标准滴定溶液浓度按下式计算：

$$c(1/6K_2Cr_2O_7)=\frac{m(K_2Cr_2O_7)}{M(1/6K_2Cr_2O_7)\times V_{实}\times 10^{-3}}$$

式中 c（$1/6K_2Cr_2O_7$）——$1/6K_2Cr_2O_7$ 标准滴定溶液的浓度，mol/L；

$V_{实}$——250 mL 容量瓶实际体积，mL；

m（$K_2Cr_2O_7$）——基准物 $K_2Cr_2O_7$的质量，g；

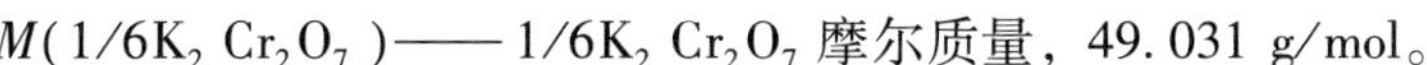

$M(1/6K_2Cr_2O_7)$——$1/6K_2Cr_2O_7$ 摩尔质量，49.031 g/mol。

2. 未知铁试样溶液中铁的含量按下式计算：

$$\omega(Fe)=\frac{c(1/6K_2Cr_2O_7)\cdot V_{实}\times 10^{-3}\cdot M(Fe)}{m_{样}}\times 100\%$$

式中　$c(1/6K_2Cr_2O_7)$——$1/6K_2Cr_2O_7$ 标准滴定溶液的浓度，mol/L；

$V_{实}$——滴定消耗 $K_2Cr_2O_7$ 标准溶液的实际体积，mL；

$m_{样}$——称取铁矿石样品的质量，g；

$M(Fe)$——Fe 的摩尔质量 [$M(Fe)=55.85$]，g/mol。

✍【结果评价】

评分内容	评分项	评判类型	评分指标	指标分数描述	配分	得分
实验准备（20 分）	个人健康、安全、仪器设备准备、溶液配制	测量	熟悉现场健康、安全和环境保护内容，写出相应措施	若实验操作正式开始前，未在报告纸上撰写相关内容，扣除所有分数；若内容缺项，按要点平均扣分	4	
		测量	全过程个人防护用品穿戴	若未按要求正确穿戴口罩、实验服、护目镜、手套等，扣除所有分数	2	
		测量	全过程无破碎玻璃器皿	如果不满足要求，扣除所有分数	2	
		测量	实验室器具贴标签	对于易混用玻璃器皿，若有一个未贴标签，扣除所有分数	2	
		测量	实验全过程干净整洁，无试剂溢出和洒落	如果不满足条件，扣除所有分数（去离子水可有些许洒落，须随手擦干）	2	
		测量	标签识读和试剂选用	如果不能正确识读和选用英文标识，导致药品试剂选择错误，扣除所有分数	2	
		测量	硫磷混酸的配制	如果物料计算错误或量取错误，扣除所有分数	3	
		测量	在专用容器中处理废弃物	如果未在专用容器中处理废弃物，扣除所有分数	3	
实验操作（25 分）	样品制备、含量测定、文明操作	测量	重铬酸钾标准溶液的配制	如果未按规范操作，每错 1 次扣除 1 分，直至扣完为止	3	
		测量	铁矿石试液的制备	如果未按规范操作，扣除所有分数	3	
		测量	铁的还原	如果未按规范操作，扣除所有分数	3	
		测量	样品分析：滴定操作	如果未按规范操作、读数错误，每错 1 次扣除 1 分，直至扣完为止	3	
		测量	样品分析：滴定终点	如果某次颜色不是终点色，扣除 1 分，直至扣完为止	3	
		测量	原始数据记录	原始数据记录及时，须用规范纸张记录，规范改正数据，不缺项	3	
		测量	重大操作失误	存在重称、重测行为，扣除所有分数	3	

续表

评分内容	评分项	评判类型	评分指标	指标分数描述	配分	得分
实验操作（25分）	样品制备、含量测定、文明操作	评判	工作场地组织和管理	工作场地混乱，玻璃仪器、试剂用完后未及时归位（未做完实验得0分）	1	
				工作场地有序，玻璃仪器、试剂用完后及时归位，个别仪器未及时归位	2	
				工作场地管理规范有序，所有玻璃仪器、试剂及时归位	3	
				工作场地管理规范有序，所有玻璃仪器、试剂及时归位且使用了其他的高效工作场地管理方法	4	
结果报告（55分）	数据处理、撰写报告	测量	数据处理	如果未进行滴定管体积校正、温度校正，或计算过程及结果不正确，扣除该项的所有分数	5	
		测量	有效数字保留与修约	如果有效数字保留或修约不正确，扣除所有分数	3	
		测量	样品测定的精密度	相对标准偏差≤0.15%，不扣分；0.15%<相对标准偏差≤0.30%，扣3分；0.30%<相对标准偏差≤0.45%，扣6分；0.45%<相对标准偏差≤0.60%，扣9分；相对标准偏差>0.60%，扣12分；未平行测定3次，不得分	12	
		测量	样品测定的准确度	|相对误差|≤0.15%，不扣分；0.15%<|相对误差|≤0.30%，扣3分；0.30%<|相对误差|≤0.45%，扣6分；0.45%<|相对误差|≤0.60%，扣9分；0.60%<|相对误差|≤0.75%，扣12分；|相对误差|>0.75%，扣15分；未平行测定3次或精密度未得分，均不得分	15	
		评判	报告编制	报告数据项目不全，结构混乱，无结论	5	
				报告数据项目全面且有结论，工作流程不连贯，结构不完整	10	
				报告数据全面且有正确结论，结构完整，且工作流程清晰	15	
				报告数据全面且有正确结论，结构完整，工作流程清晰，且包含科学的论据和创新内容	20	
合计					100	

想一想 练一练

1. 加入 $H_2SO_4-H_3PO_4$ 混合酸的目的是什么？加入 $H_2SO_4-H_3PO_4$ 混合酸后，立即进行滴定的原因是什么？

2. 趁热逐滴加入氯化亚锡的原因是什么？

3. 滴加氯化亚锡还原 Fe^{3+} 为 Fe^{2+}，如果加得不足或过量，会造成什么结果？

4. 用氯化亚锡还原 Fe^{3+} 时，氯化亚锡过量，溶液呈现什么颜色？

知识拓展

1. 重铬酸钾溶液会污染环境，要回收处理。

2. 滴定前预处理，目的是将试液中的铁全部还原为 Fe^{2+}，再用重铬酸钾标准溶液测定总铁量。

3. 加入氯化亚锡不能过量，否则会使测定结果偏高。如不慎过量，可滴加 2% 高锰酸钾溶液使试液呈浅黄色。

4. Fe^{2+} 在磷酸介质中易被氧化，“钨蓝”褪色后 1 min 内应立即滴定，否则结果偏低。

5. 用氯化亚锡还原 Fe^{3+} 时，溶液的温度不能太低，否则反应速度慢，黄色褪去不易观察，使氯化亚锡过量过多，在下一步不易完全除去。

6. 由于二苯胺磺酸钠也要消耗一定量的重铬酸钾，故不能多加。

对接世赛

1. 请结合本次实训，说明哪些健康与安全措施是必要的。

2. 请结合本次实训，说明需要哪些环境保护措施。

3. 撰写报告：请完成一份报告，内容包括实验过程中必须做好的健康、安全、环境保护措施，实验中的物料计算和过程记录、数据处理、结果的评价和问题分析。

4. 查阅相关专业英语资料，写出该任务实训中涉及的玻璃仪器、设备、化学试剂等的专业英语。

考核任务　胆矾样品中铜含量的测定

一、健康与安全

请说明哪些健康与安全措施是必要的，按要求执行。

二、环境保护

请说明是否需要采取环境保护措施。

三、原理

在酸性条件下，试样中加入过量碘化钾与样品中铜定量反应析出碘。以淀粉为指示剂，用硫代硫酸钠（$Na_2S_2O_3$）标准滴定溶液滴定析出的碘。通过消耗硫代硫酸钠标准滴定溶液的体积，计算试样中铜的含量。

四、考核目标

1. 标定硫代硫酸钠标准滴定溶液的浓度。
2. 测定样品中铜的含量（范围在 4. 30 ~ 6. 50 g/L）。
3. 报告。

五、设备、 试剂与溶液

分析天平，精确到 0. 1 mg；其他实验辅助设备	滴定管、容量瓶、移液管、量筒、烧杯、滴管、洗瓶、洗耳球、移液管架	基准级重铬酸钾、0. 1 mol/L 硫代硫酸钠滴定溶液、20% 硫酸、碘化钾、10 g/L 淀粉指示剂、硫氰酸钾、样品溶液、去离子水

六、实验

1. 配制指定的实验试剂溶液

根据现场提供的试剂，按要求配制 100 g/L 的硫氰酸钾溶液 80 mL。

2. 硫代硫酸钠溶液的标定

准确称取 3 份 1. 25 g 的基准级重铬酸钾（精确至 0. 1 mg），分别用去离子水溶解并定容于 250 mL 容量瓶。移取 25. 00 mL 上述溶液置于 250 mL 碘量瓶中，加入 2 g 碘化钾和 20 mL 20% 硫酸溶液酸化，盖上碘量瓶并混合均匀，水封。将碘量瓶放置在暗处反应 10 min，加 100 mL 去离子水，用硫代硫酸钠溶液滴定释放的碘，近终点时加 3 mL 10 g/L 淀粉溶液并

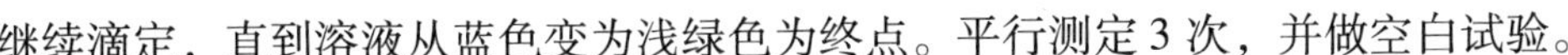

继续滴定，直到溶液从蓝色变为浅绿色为终点。平行测定 3 次，并做空白试验。

3. 样品分析

准确移取 25.00 mL 样品溶液置于碘量瓶中，加 60 mL 去离子水、5 mL 20% 的硫酸溶液和 3 g 碘化钾，摇匀后水封，在暗处放置 5 min。打开瓶塞，用少量去离子水冲洗瓶塞和瓶壁，用硫代硫酸钠标准溶液滴定，近终点时加 3 mL 10 g/L 淀粉指示剂，继续滴定至浅蓝色。再加 10 mL 100 g/L 硫氰酸钾溶液，继续用硫代硫酸钠标准溶液滴定至蓝色恰好消失即为终点。平行测定 3 次，并做空白试验。

4. 计算

①硫代硫酸钠标准滴定溶液浓度按下式计算：

$$c(Na_2S_2O_3) = \frac{\frac{25}{250} \times m(K_2Cr_2O_7)}{M\left(\frac{1}{6}K_2Cr_2O_7\right) \times (V - V_0) \times 10^{-3}}$$

式中　c（$Na_2S_2O_3$）——硫代硫酸钠标准滴定溶液的浓度，mol/L；

V——滴定重铬酸钾溶液消耗硫代硫酸钠溶液的体积，mL；

V_0——滴定空白溶液消耗硫代硫酸钠溶液的体积，mL；

m（$K_2Cr_2O_7$）——基准级重铬酸钾的质量，g；

$M\left(\frac{1}{6}K_2Cr_2O_7\right)$——$\frac{1}{6}K_2Cr_2O_7$ 的摩尔质量，49.03 g/mol。

②样品中铜含量按下式计算：

$$\rho(Cu^{2+}) = \frac{c(Na_2S_2O_3) \cdot (V_1 - V_0) \times 10^{-3} \times M(Cu^{2+})}{V \times 10^{-3}}$$

式中　ρ（Cu^{2+}）——样品中铜的质量浓度，g/L；

c（$Na_2S_2O_3$）——硫代硫酸钠标准滴定液的浓度，mol/L；

V_1——滴定时消耗的硫代硫酸钠标准滴定液的体积，mL；

V_0——滴定空白溶液消耗硫代硫酸钠溶液的体积，mL；

M（Cu^{2+}）——Cu^{2+} 的摩尔质量，63.55 g/mol；

V——移取样品溶液的体积，mL。

计算结果及结果的重现性（用相对极差表示）。

对接世赛

1. 请结合本次实训，说明哪些健康与安全措施是必要的。

2. 请结合本次实训，说明需要哪些环境保护措施。

3. 撰写报告：请完成一份报告，内容包括实验过程中必须做好的健康、安全、环境保护措施，实验中的物料计算和过程记录、数据处理、结果的评价和问题分析。

4. 查阅相关专业英语资料，写出该任务实训中涉及的玻璃仪器、设备、化学试剂等的专业英语。

✍【结果评价】

<table>
<tr><th>评分内容</th><th>评分项</th><th>评判类型</th><th>评分指标</th><th>指标分数描述</th><th>配分</th><th>得分</th></tr>
<tr><td rowspan="8">实验准备（20 分）</td><td rowspan="8">个人健康、安全、仪器设备准备、溶液配制</td><td>测量</td><td>熟悉现场健康、安全和环境保护内容，写出相应措施</td><td>若实验操作正式开始前，未在报告纸上撰写相关内容，扣除所有分数；若内容缺项，按要点平均扣分</td><td>4</td><td></td></tr>
<tr><td>测量</td><td>全过程个人防护用品穿戴</td><td>若未按要求正确穿戴口罩、实验服、护目镜、手套等，扣除所有分数</td><td>2</td><td></td></tr>
<tr><td>测量</td><td>全过程无破碎玻璃器皿</td><td>如果不满足要求，扣除所有分数</td><td>2</td><td></td></tr>
<tr><td>测量</td><td>实验室器具贴标签</td><td>对于易混用玻璃器皿，若有一个未贴标签，扣除所有分数</td><td>2</td><td></td></tr>
<tr><td>测量</td><td>实验全过程干净整洁，无试剂溢出和洒落</td><td>如果不满足条件，扣除所有分数（去离子水可有些许洒落，须随手擦干）</td><td>2</td><td></td></tr>
<tr><td>测量</td><td>标签识读和试剂选用</td><td>如果不能正确识读和选用英文标识，导致药品试剂选择错误，扣除所有分数</td><td>2</td><td></td></tr>
<tr><td>测量</td><td>100 g/L 硫氰酸钾溶液的配制</td><td>如果物料计算错误或称量错误，扣除所有分数</td><td>3</td><td></td></tr>
<tr><td>测量</td><td>在专用容器中处理废弃物</td><td>如果未在专用容器中处理废弃物，扣除所有分数</td><td>3</td><td></td></tr>
<tr><td rowspan="10">实验操作（25 分）</td><td rowspan="10">样品制备、含量测定、文明操作</td><td>测量</td><td>重铬酸钾标准溶液的配制</td><td>如果未按规范操作，每错 1 次扣除 1 分，直至扣完为止</td><td>3</td><td></td></tr>
<tr><td>测量</td><td>重铬酸钾标准溶液和样品溶液的移取</td><td>如果未按规范操作，每错 1 次扣除 1 分，直至扣完为止</td><td>3</td><td></td></tr>
<tr><td>测量</td><td>硫代硫酸钠溶液的标定和样品的测定操作</td><td>如果未按规范操作、读数错误，每错 1 次扣除 1 分，直至扣完为止</td><td>4</td><td></td></tr>
<tr><td>测量</td><td>硫代硫酸钠溶液的标定和样品的测定终点</td><td>如果某次颜色不是终点色，扣除 1 分，直至扣完为止</td><td>5</td><td></td></tr>
<tr><td>测量</td><td>原始数据记录</td><td>原始数据记录及时，须用规范纸张记录，规范改正数据，不缺项</td><td>3</td><td></td></tr>
<tr><td>测量</td><td>重大操作失误</td><td>存在重称、重吸、重测行为，扣除所有分数</td><td>3</td><td></td></tr>
<tr><td rowspan="4">评判</td><td rowspan="4">工作场地组织和管理</td><td>工作场地混乱，玻璃仪器、试剂用完后未及时归位（未做完实验得 0 分）</td><td>1</td><td></td></tr>
<tr><td>工作场地有序，玻璃仪器、试剂用完后及时归位，个别仪器未及时归位</td><td>2</td><td></td></tr>
<tr><td>工作场地管理规范有序，所有玻璃仪器、试剂及时归位</td><td>3</td><td></td></tr>
<tr><td>工作场地管理规范有序，所有玻璃仪器、试剂及时归位且使用了其他的高效工作场地管理方法</td><td>4</td><td></td></tr>
</table>

续表

评分内容	评分项	评判类型	评分指标	指标分数描述	配分	得分
结果报告（55分）	数据处理、撰写报告	测量	数据处理	计算过程及结果不正确，扣除所有分数	4	
		测量	有效数字保留与修约	如果有效数字保留或修约不正确，扣除所有分数	3	
		测量	硫代硫酸钠溶液标定的精密度	相对极差≤0.15%，不扣分；0.15% < 相对极差≤0.30%，扣2分；0.30% < 相对极差≤0.45%，扣4分；0.45% < 相对极差≤0.60%，扣6分；相对极差 > 0.60%，扣8分；未平行标定3次，不得分	8	
		测量	样品测定的精密度	相对极差≤0.15%，不扣分；0.15% < 相对极差≤0.30%，扣2分；0.30% < 相对极差≤0.45%，扣4分；0.45% < 相对极差≤0.60%，扣6分；相对极差 > 0.60%，扣8分；未平行测定3次，不得分	8	
		测量	硫代硫酸钠溶液标定的准确度	∣相对误差∣≤0.15%，不扣分；0.15% < ∣相对误差∣≤0.30%，扣2分；0.30% < ∣相对误差∣≤0.45%，扣4分；0.45% < ∣相对误差∣≤0.60%，扣6分；∣相对误差∣ > 0.60%，扣8分；未平行标定3次或精密度未得分，均不得分	8	
		测量	样品测定的准确度	∣相对误差∣≤0.15%，不扣分；0.15% < ∣相对误差∣≤0.30%，扣2分；0.30% < ∣相对误差∣≤0.45%，扣4分；0.45% < ∣相对误差∣≤0.60%，扣6分；∣相对误差∣ > 0.60%，扣8分；未平行测定3次或精密度未得分，均不得分	8	
		评判	报告编制	报告数据项目不全，结构混乱，无结论	4	
				报告数据项目全面且有结论，工作流程不连贯，结构不完整	8	
				报告数据全面且有正确结论，结构完整，且工作流程清晰	12	
				报告数据全面且有正确结论，结构完整，工作流程清晰，且包含科学的论据和创新内容	16	
合计					100	

项目三

配位滴定法操作技能实训

项目描述

配位化合物简称配合物，是一类组成复杂的化合物。配位化合物不仅在生物体中具有重要的意义，而且在化学、水的软化、医学、染料、电镀等方面都有重要的应用。有关配合物的研究已发展为独立的分支学科——配位化学，并且与其他学科领域相互渗透，形成边缘学科，如金属有机化学、生物无机化学等。建立在配位反应基础上的滴定分析方法称为配位滴定法。

配位滴定法中，应用最广、最重要的氨羧配位剂是乙二胺四乙酸，该酸中的羧基和氨基均有孤对电子，可以与金属原子同时配位，形成具有环状结构的螯合物，因此配位滴定法又称 EDTA 滴定法。配位滴定法主要用于金属离子含量的测定，通过间接滴定、返滴定和置换滴定也可以测定许多阴离子和有机化合物，在食品检测、生物制品分析、环境监测、临床检验等领域应用广泛。

本项目通过操作技能训练，使学生学会 EDTA 标准溶液的配制与标定、口服液中葡萄糖酸钙含量的测定、饮用水的总硬度的测定、水处理剂聚硫酸铝中氧化铝含量的测定、胆矾样品中铁和铝混合金属组分的含量测定等操作技能要点，能利用配位滴定的基本知识解释并分析实验现象与过程，学会进行相关的数据分析与处理，会对检测结果作出评价并出具检验报告。

任务一　口服液中葡萄糖酸钙含量的测定

任务书

为协助某第三方检测机构抽检样品葡萄糖酸钙口服液中葡萄糖酸钙的含量，请利用配位滴定法测定其含量，出具检验结果报告单。

任务分析

葡萄糖酸钙口服液用于预防和治疗钙缺乏症，如骨质疏松、手足抽搐症、骨发育不全、佝偻病，还用于给儿童、妊娠和哺乳期妇女、绝经期妇女、老年人补充钙，有较大的市场需求，但时有质量不合格的产品流入市场。《中华人民共和国药典》（2020 年版）对葡萄糖酸钙口服液的含量规定为每 100 mL 葡萄糖酸钙口服液中含 $C_{12}H_{22}CaO_{14} \cdot H_2O$ 9.00～10.50 g。

本任务主要是用给定的仪器及试剂测定口服液中葡萄糖酸钙的含量，从而判断市场销售的口服液是否合格。具体内容包括：

①制定实训方案。

②列举实训中的健康与安全、环境保护措施。

③配制指定的实验试剂溶液。

④制备葡萄糖酸钙样品试液。

⑤测定葡萄糖酸钙的含量。

⑥处理数据并撰写工作报告。

⑦实验室组织与管理。

学习目标

知识目标	能力目标	素质目标
1. 讲述葡萄糖酸钙的用途与制备流程； 2. 讲述葡萄糖酸钙样品的处理和质量检验内容； 3. 说出葡萄糖酸钙的含量测定的原理和方法； 4. 解释金属指示剂指示终点的原理； 5. 说出金属指示剂的条件要求； 6. 列举实训中存在的健康与安全、环境保护措施	1. 制定葡萄糖酸钙含量的测定实训方案； 2. 配制指定的实验试剂溶液； 3. 展示葡萄糖酸钙试样的处理过程； 4. 展示葡萄糖酸钙的含量测定过程； 5. 计算葡萄糖酸钙的含量； 6. 评价实训结果，展示工作报告	1. 遵守操作规程，爱惜仪器设备； 2. 营造规范、整洁、有序的工作环境； 3. 独立思考、发现问题、解决问题； 4. 提高安全意识、质量意识和环保意识； 5. 实验室组织与管理（8S 管理）

思政融入点

序号	授课内容	思政融入点
1	组织教学	世界观、人生观、价值观教育
2	安全教育	安全意识培养
3	口服液的生产差异	创新精神、职业道德、脱贫攻坚、中国梦
4	口服液的作用	生命教育
5	口服液中葡萄糖酸钙含量的检验	规范意识、标准意识、安全意识、责任意识、成本意识、节约意识、环保意识、竞争意识、团队合作精神、劳动精神、工匠精神、榜样的力量、职业素养等
6	实训结束工作	职业素养、劳动精神、环保意识

知识平台

从怎么认识“缺钙”到学会“补钙”，葡萄糖酸钙口服溶液越来越多地进入消费者的生活。但市场上的钙制剂品种繁多，时常有类似“葡萄糖酸钙口服液钙含量低”的报道，那么，葡萄糖酸钙口服液钙含量真的低吗？难道钙含量就是越高越好吗？

人们选择钙片，就像给婴儿选择奶粉一样，不同的人有不同的需求，不能用简单的“钙含量”高低对比就作出评判。事实上，人体肠道对钙元素的吸收率是有限的，并不是补多少就吸收多少。不同的钙片之所以钙含量不同，主要是与所含钙的溶解度不同，通常，越是钙含量高的钙片，溶解度就越低，反之溶解度就越高。

此外，钙产品分次服用的效果要比单次大剂量服用效果更好。同样是碳酸钙，每片 600 mg的钙，不如每片 200 mg 钙吸收率高。一次性服用大剂量的钙，人体无法很好地吸收，反而会使钙的吸收率下降，葡萄糖酸钙口服液钙含量不是最高，却较易吸收。

任务实施

★【采用标准】

《化学试剂　标准滴定溶液的制备》（GB/T 601—2016）、《中华人民共和国药典》（2020 年版）

●【方法原理】

在强碱性溶液（pH > 12.5）中，钙紫红素指示剂以 HIn^{2-}（表示分子式）与 Ca^{2+} 形成的配合物 $CaIn^-$ 呈现酒红色，其反应式为：

$$Ca^{2+} + HIn^{2-} = CaIn^- + H^+$$

（蓝色）　　（酒红色）

用 EDTA 溶液滴定 Ca^{2+} 钙标准溶液时，溶液中游离的 Ca^{2+} 首先与 EDTA 阴离子配合，此时溶液仍为酒红色。

$$Ca^{2+} + H_2Y^{2-} = CaY^{2-} + 2H^+$$

（酒红色）

滴定时达到化学计量点附近，EDTA 开始与 $CaIn^-$ 中的 Ca^{2+} 配合而使钙紫红素指示剂游离出来，当溶液由酒红色变为蓝色，即为终点。

$$CaIn^- + H_2Y^{2-} = CaY^{2-} + HIn^{2-} + H^+$$

（酒红色）　　（蓝色）

指示剂：钙紫红素指示剂。

计量关系：$n(C_{12}H_{22}CaO_{14} \cdot H_2O) = n(H_2Y^{2-})$。

▲【仪器试剂】

仪器和试剂		准备情况
主要仪器	5 mL 吸量管 1 支、250 mL 锥形瓶 4 个、洗耳球 1 个、50 mL 聚四氟滴定管 1 支	
试剂	葡萄糖酸钙口服液样品、乙二胺四乙酸二钠滴定液（0.05 mol/L）、氢氧化钠（分析纯）、钙紫红素指示剂	

◆【任务操作】

1. 配制指定的实验试剂溶液

根据现场提供的试剂，按要求配制 5% 的氢氧化钠溶液 100 mL。

2. 口服液中葡萄糖酸钙含量的测定

准确量取口服液样品 5 mL，置于锥形瓶中，用水稀释至 100 mL，加氢氧化钠溶液15 mL 与钙紫红素指示剂 0.1 g，用乙二胺四乙酸二钠标准溶液（0.05 mol/L）滴定至溶液自酒红色转变为纯蓝色，即为终点。平行测定 3 次，同时做空白试验。记录乙二胺四乙酸二钠标准溶液的用量，计算口服液中葡萄糖酸钙的含量（g/100 mL）［每 1 mL 乙二胺四乙酸二钠标准溶液（0.05 mol/L）相当于 22.42 mg 的 $C_{12}H_{22}CaO_{14} \cdot H_2O$］。

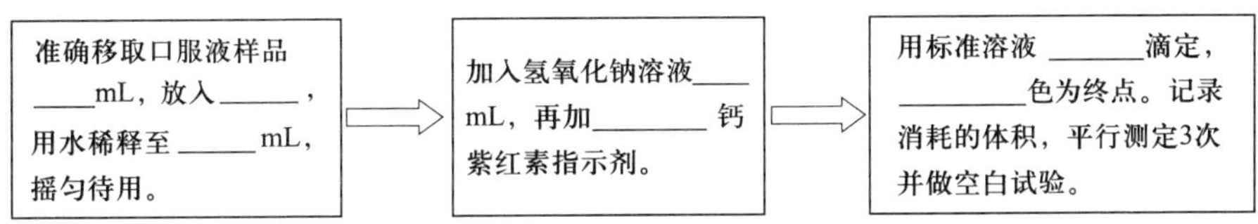

▼【数据记录】

测定项目	1	2	3
移取口服液样品的体积/mL			
滴定管初读数/mL			
滴定管终读数/mL			
滴定消耗 EDTA 标准溶液的体积/mL			
体积校正值/mL			
溶液温度/℃			
溶液温度校正值/mL			
实际消耗 EDTA 标准溶液的体积/mL			
空白试验消耗 EDTA 标准溶液的体积/mL			
EDTA 标准溶液浓度/（mol/L）			
试样中的葡萄糖酸钙含量/（g/100 mL）			
试样中的葡萄糖酸钙含量平均值/（g/100 mL）			
平行测定结果的相对极差/%			

【结果计算】

$$\rho = \frac{c \cdot (V_1 - V_0) \cdot M \times 100}{V_2 \times 10^3}$$

式中 ρ——口服液样品中葡萄糖酸钙的含量，g/100 mL；

c——EDTA 标准溶液的浓度，mol/L；

V_1——实际消耗 EDTA 标准溶液的用量，mL；

V_0——空白试验滴定消耗 EDTA 标准溶液的用量，mL；

V_2——移取口服液样品的体积，mL；

M——$C_{12}H_{22}CaO_{14} \cdot H_2O$ 的摩尔质量（M=448.39），g/mol。

【结果评价】

评分内容	评分项	评判类型	评分指标	指标分数描述	配分	得分
实验准备（20分）	个人健康、安全、仪器设备准备、溶液配制	测量	熟悉现场健康、安全和环境保护内容，写出相应措施	若实验操作正式开始前，未在报告纸上撰写相关内容，扣除所有分数；若内容缺项，按要点平均扣分	4	
		测量	全过程个人防护用品穿戴	若未按要求正确穿戴口罩、实验服、护目镜、手套等，扣除所有分数	2	
		测量	全过程无破碎玻璃器皿	如果不满足要求，扣除所有分数	2	
		测量	实验室器具贴标签	对于易混用玻璃器皿，若有一个未贴标签，扣除所有分数	2	
		测量	实验全过程干净整洁，无试剂溢出和洒落	如果不满足条件，扣除所有分数（去离子水可有些许洒落，须随手擦干）	2	
		测量	配制5%的氢氧化钠溶液	如果物料计算错误或称量错误，扣除所有分数	3	
		测量	标签识读和试剂选用	如果不能正确识读和选用英文标识，导致药品试剂选择错误，扣除所有分数	2	
		测量	在专用容器中处理废弃物	如果未在专用容器中处理废弃物，扣除所有分数	3	
实验操作（25分）	样品制备、含量测定、文明操作	测量	口服液样品：移取	如果未按规范操作，每错1次扣除1分，直至扣完为止	3	
		测量	口服液样品：稀释	如果未按规范操作，每错1次扣除1分，直至扣完为止	3	
		测量	样品分析：滴定操作	如果未按规范操作、读数错误，每错1次扣除1分，直至扣完为止	3	
		测量	样品分析：滴定终点	如果某次颜色不是终点色，扣除1分，直至扣完为止	3	
		测量	样品分析：空白试验	如果未按规范操作，扣除所有分数	3	
		测量	原始数据记录	原始数据记录及时，须用规范纸张记录，规范改正数据，不缺项	3	

续表

评分内容	评分项	评判类型	评分指标	指标分数描述	配分	得分
实验操作（25分）	样品制备、含量测定、文明操作	测量	重大操作失误	存在重吸、重测行为，扣除所有分数	3	
		评判	工作场地组织和管理	工作场地混乱，玻璃仪器、试剂用完后未及时归位（未做完实验得0分）	1	
				工作场地有序，玻璃仪器、试剂用完后及时归位，个别仪器未及时归位	2	
				工作场地管理规范有序，所有玻璃仪器、试剂及时归位	3	
				工作场地管理规范有序，所有玻璃仪器、试剂及时归位且使用了其他的高效工作场地管理方法	4	
结果报告（55分）	数据处理、撰写报告	测量	数据处理	如果未进行滴定管体积校正、温度校正，或计算过程及结果不正确，扣除该项的所有分数	5	
		测量	有效数字保留与修约	如果有效数字保留或修约不正确，扣除所有分数	3	
		测量	样品测定的精密度	相对极差≤0.15%，不扣分；0.15% < 相对极差≤0.30%，扣3分；0.30% < 相对极差≤0.45%，扣6分；0.45% < 相对极差≤0.60%，扣9分；相对极差 > 0.60%，扣12分；未平行测定3次，不得分	12	
		测量	样品测定的准确度	|相对误差| ≤0.15%，不扣分；0.15% < |相对误差| ≤0.30%，扣3分；0.30% < |相对误差| ≤0.45%，扣6分；0.45% < |相对误差| ≤0.60%，扣9分；0.60% < |相对误差| ≤0.75%，扣12分；|相对误差| > 0.75%，扣15分；未平行测定3次或精密度未得分，均不得分	15	
		评判	报告编制	报告数据项目不全，结构混乱，无结论	5	
				报告数据项目全面且有结论，工作流程不连贯，结构不完整	10	
				报告数据全面且有正确结论，结构完整，且工作流程清晰	15	
				报告数据全面且有正确结论，结构完整，工作流程清晰，且包含科学的论据和创新内容	20	
合计					100	

想一想 练一练

1. 按照《中华人民共和国药典》（2020 年版）中的规定，需对葡萄糖酸钙口服液的哪些指标进行评价？

2. 金属指示剂的作用原理如何？它应该具备哪些条件？

3. 为什么使用金属指示剂时要限定适宜的 pH 值？

4. 为什么同一种指示剂用于不同金属离子滴定时，适宜的 pH 值条件不一定相同？

知识拓展

1. 口服液中葡萄糖酸钙的浓度较大，故必须稀释后再进行滴定。

2. 测定过程中采用不同的配位指示剂，其终点的颜色及判断方法不同。

3. 《中华人民共和国药典》（2020 年版）中以 $C_{12}H_{22}CaO_{14} \cdot H_2O$ 表示葡萄糖酸钙。

4. 数据处理时应注意最终结果的表示方式为 g/100 mL。

对接世赛

1. 请结合本次实训，说明哪些健康与安全措施是必要的。

2. 请结合本次实训，说明需要哪些环境保护措施。

3. 撰写报告：请完成一份报告，内容包括实验过程中必须做好的健康、安全、环境保护措施，实验中的物料计算和过程记录、数据处理、结果的评价和问题分析。

4. 查阅相关专业英语资料，写出该任务实训中涉及的玻璃仪器、设备、化学试剂等的专业英语。

任务二　饮用水的总硬度的测定

任务书

学校总务部门在学校各场所配置饮用水系统，为检测各项指标是否合格，现委托学校检测中心进行检验，请按照《生活饮用水标准检验方法　第 4 部分：感官性状和物理指标》（GB/T 5750.4—2023）检验水的总硬度，出具检验结果报告单。

任务分析

水的硬度指沉淀肥皂的程度。导致肥皂沉淀的因素主要是水中的钙、镁离子，铁、铝、锰、锶及锌也有同样的作用。总硬度可将上述各离子的浓度相加进行计算。此法准确但较烦琐，而且在一般情况下钙、镁离子以外的其他金属离子的浓度都很低，所以用乙二胺四乙酸二钠滴定法测定钙、镁离子的总量，并经换算，以每升水中碳酸钙的质量表示。

本任务主要是用给定的仪器及试剂测定饮用水的总硬度，从而判断饮用水样品是否合格。具体内容包括：

①制定实训方案。

②列举实训中的健康与安全、环境保护措施。

③配制指定的实验试剂溶液。

④制备水样。

⑤测定水的总硬度。

⑥处理数据并撰写工作报告。

⑦实验室组织与管理。

学习目标

知识目标	能力目标	素质目标
1. 说出水的总硬度和表示方法； 2. 讲述水的硬度与人的健康的关系； 3. 说出水的总硬度的测定原理和方法； 4. 解释配位滴定曲线，选择准确滴定的条件； 5. 列举实训中存在的健康与安全、环境保护措施	1. 制定水的总硬度的测定实训方案； 2. 配制指定的实验试剂溶液； 3. 展示水样的处理过程； 4. 展示水的总硬度的含量测定过程； 5. 计算水的总硬度； 6. 评价实训结果，展示工作报告	1. 遵守操作规程，爱惜仪器设备； 2. 营造规范、整洁、有序的工作环境； 3. 独立思考、发现问题、解决问题； 4. 提高安全意识、质量意识和环保意识； 5. 实验室组织与管理（8S 管理）

思政融入点

序号	授课内容	思政融入点
1	组织教学	世界观、人生观、价值观教育
2	安全教育	安全意识培养
3	饮用水的质量指标	职业道德、健康生命教育
4	实验准备	团队合作精神、职业素养、劳动精神
5	饮用水总硬度的测定	规范意识、标准意识、安全意识、责任意识、成本意识、节约意识、环保意识、竞争意识、团队合作精神、劳动精神、工匠精神、榜样的力量、职业素养等
6	实训结束工作	职业素养、劳动精神、环保意识

知识平台

含有较多可溶性钙镁化合物的水叫硬水，不含或含较少可溶性钙镁化合物的水叫软水。硬度有暂时硬度和永久硬度之分。凡水中含有钙镁的酸式碳酸盐，遇热即成碳酸盐沉淀，大部分可除去，其硬度为暂时硬度；凡水中含有钙、镁的硫酸盐、氯化物、硝酸盐等所形成的硬度称为永久硬度。

暂时硬度和永久硬度的总和称为“总硬”。由 Mg^{2+} 离子形成的硬度称为“镁硬”，由 Ca^{2+} 离子形成的硬度称为“钙硬”。

常用水硬度的表示方法是将水中 Ca、Mg 的总量换算为 CaO、$CaCO_3$ 含量，单位为 mmol/L、mg/L 和（°），1°表示 1 L 水中含有 10 mg CaO。生活饮用水的硬度过高会影响肠胃的消化功能，我国生活饮用水卫生标准中规定，硬度（以 $CaCO_3$ 计）不得超过 450 mg/L。

》任务实施

★【采用标准】

《化学试剂　标准滴定溶液的制备》（GB/T 601—2016）、《生活饮用水标准检验方法 第 4 部分：感官性状和物理指标》（GB/T 5750.4—2023）

●【方法原理】

用氨－氯化铵缓冲溶液控制水样 pH＝10，加入铬黑 T 指示剂时，水样中的 Mg^{2+} 与指示剂配位成酒红色配合物，其反应式为：$Mg^{2+} + HIn^{2-}$（蓝色）$=\!=\!=$ $MgIn^{-}$（酒红色）$+ H^{+}$。

用 EDTA 标准溶液滴定时，EDTA 首先与水样中的 Ca^{2+} 配位，再与 Mg^{2+} 配位，其反应式为：$Ca^{2+} + H_2Y^{2-} =\!=\!= CaY^{2-} + 2H^{+}$，$Mg^{2+} + H_2Y^{2-} =\!=\!= MgY^{2-} + 2H^{+}$。

达到化学计量点时，稍过量的 EDTA 夺取 $MgIn^{-}$ 中的全部 Mg^{2+} 而使指示剂游离出来，溶液由酒红色变为纯蓝色，即为达到终点，其反应式为：$MgIn^{-}$（酒红色）$+ H_2Y^{2-} =\!=\!= MgY^{2-} + HIn^{2-}$（纯蓝色）$+ H^{+}$。由 EDTA 标准溶液的用量计算水的总硬度。

▲【仪器试剂】

仪器和试剂		准备情况
主要仪器	50 mL 移液管 1 支、250 mL 锥形瓶 4 个、洗耳球 1 个、50 mL 聚四氟滴定管 1 支	
试剂	饮用水样、乙二胺四乙酸二钠滴定液（0.01 mol/L）、铬黑 T 指示剂、pH＝10 的氨－氯化铵缓冲溶液、50 g/L 硫化钠溶液、10 g/L 盐酸羟胺溶液、三乙醇胺	

◆【任务操作】

1. 配制指定的实验试剂溶液

根据现场提供的试剂，按要求配制（1∶2）的三乙醇胺溶液 60 mL。

2. 饮用水中总硬度的测定

准确移取 50.00 mL 饮用水样（硬度过低的水样可取 100 mL，硬度过高的水样可取适量稀释至 50 mL），置于 250 mL 锥形瓶中，加入适量缓冲溶液至 pH＝9～10，加入 5 滴铬黑 T 指示剂，用乙二胺四乙酸二钠滴定液（0.01 mol/L）滴定至溶液自酒红色转变为纯蓝色，即为终点。平行测定 3 次，同时做空白试验。记录乙二胺四乙酸二钠标准溶液的用量，计算饮用水样的总硬度（mg/L）。

若水样中含有金属干扰离子，使滴定终点延迟或颜色变暗，可另取水样，加入 0.5 mL

10 g/L盐酸羟胺溶液及 1 mL 50 g/L 硫化钠溶液再行滴定。

水样中的重碳酸盐含量较多时，应预先酸化水样，并加热除去二氧化碳，以防其碱化后生成碳酸盐沉淀，影响滴定时反应的进行。

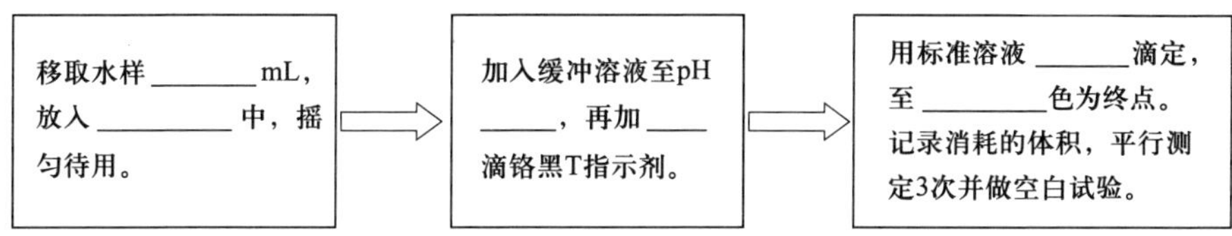

▼【数据记录】

测定项目	1	2	3
移取饮用水样的体积/mL			
滴定管初读数/mL			
滴定管终读数/mL			
滴定消耗 EDTA 标准溶液的体积/mL			
体积校正值/mL			
溶液温度/℃			
溶液温度校正值/mL			
实际消耗 EDTA 标准溶液的体积/mL			
空白试验消耗 EDTA 标准溶液的体积/mL			
EDTA 标准溶液浓度/（mol/L）			
饮用水样的总硬度/（mg/L）			
饮用水样的总硬度平均值/（mg/L）			
平行测定结果的相对平均偏差/%			

☯【结果计算】

水的总硬度以每升水中含 $CaCO_3$ 的毫克数表示，按下式计算：

$$\rho(CaCO_3) = \frac{c \cdot (V_1 - V_0) \times 100.09}{V} \times 1\,000$$

式中　$\rho(CaCO_3)$——总硬度（以 $CaCO_3$ 计），mg/L；

c——EDTA 标准滴定溶液的浓度，mol/L；

V_1——滴定消耗 EDTA 标准滴定溶液的体积，mL；

V_0——空白试验滴定消耗 EDTA 标准滴定溶液的体积，mL；

V——移取水样的体积，mL；

100.09——与 1.00 mL EDTA［c(EDTA)＝1.000 mol/L］相当的以毫克表示的总硬度（以 $CaCO_3$ 计）。

✍【结果评价】

评分内容	评分项	评判类型	评分指标	指标分数描述	配分	得分
实验准备（20 分）	个人健康、安全、仪器设备准备、溶液配制	测量	熟悉现场健康、安全和环境保护内容，写出相应措施	若实验操作正式开始前，未在报告纸上撰写相关内容，扣除所有分数；若内容缺项，按要点平均扣分	4	
		测量	全过程个人防护用品穿戴	若未按要求正确穿戴口罩、实验服、护目镜、手套等，扣除所有分数	2	
		测量	全过程无破碎玻璃器皿	如果不满足要求，扣除所有分数	2	
		测量	实验室器具贴标签	对于易混用玻璃器皿，若有一个未贴标签，扣除所有分数	2	
		测量	实验全过程干净整洁，无试剂溢出和洒落	如果不满足条件，扣除所有分数（去离子水可有些许洒落，须随手擦干）	2	
		测量	标签识读和试剂选用	如果不能正确识读和选用英文标识，导致药品试剂选择错误，扣除所有分数	2	
		测量	（1∶2）的三乙醇胺溶液的配制	如果物料计算错误或量取错误，扣除所有分数	3	
		测量	在专用容器中处理废弃物	如果未在专用容器中处理废弃物，扣除所有分数	3	
实验操作（25 分）	样品制备、含量测定、文明操作	测量	饮用水样品：移取	如果未按规范操作，每错 1 次扣除 1 分，直至扣完为止	3	
		测量	溶液 pH 值的调节	未调节到合适的范围，每错 1 次扣除 1 分，直至扣完为止	3	
		测量	样品分析：滴定操作	如果未按规范操作、读数错误，每错 1 次扣除 1 分，直至扣完为止	3	
		测量	样品分析：滴定终点	如果某次颜色不是终点色，扣除 1 分，直至扣完为止	3	
		测量	样品分析：空白试验	如果未按规范操作，扣除所有分数	3	
		测量	原始数据记录	原始数据记录及时，须用规范纸张记录，规范改正数据，不缺项	3	
		测量	重大操作失误	存在重吸、重测行为，扣除所有分数	3	
		评判	工作场地组织和管理	工作场地混乱，玻璃仪器、试剂用完后未及时归位（未做完实验得 0 分）	1	
				工作场地有序，玻璃仪器、试剂用完后及时归位，个别仪器未及时归位	2	
				工作场地管理规范有序，所有玻璃仪器、试剂及时归位	3	
				工作场地管理规范有序，所有玻璃仪器、试剂及时归位且使用了其他的高效工作场地管理方法	4	

续表

<table>
<tr><th>评分内容</th><th>评分项</th><th>评判类型</th><th>评分指标</th><th>指标分数描述</th><th>配分</th><th>得分</th></tr>
<tr><td rowspan="8">结果报告（55 分）</td><td rowspan="8">数据处理、撰写报告</td><td>测量</td><td>数据处理</td><td>如果未进行滴定管体积校正、温度校正，或计算过程及结果不正确，扣除该项的所有分数</td><td>5</td><td></td></tr>
<tr><td>测量</td><td>有效数字保留与修约</td><td>如果有效数字保留或修约不正确，扣除所有分数</td><td>3</td><td></td></tr>
<tr><td>测量</td><td>样品测定的精密度</td><td>相对平均偏差≤0.15%，不扣分；0.15% < 相对平均偏差≤0.30%，扣 3 分；0.30% < 相对平均偏差≤0.45%，扣 6 分；0.45% < 相对平均偏差≤0.60%，扣 9 分；相对平均偏差 > 0.60%，扣 12 分；未平行测定 3 次，不得分</td><td>12</td><td></td></tr>
<tr><td>测量</td><td>样品测定的准确度</td><td>|相对误差|≤0.15%，不扣分；0.15% < |相对误差|≤0.30%，扣 3 分；0.30% < |相对误差|≤0.45%，扣 6 分；0.45% < |相对误差|≤0.60%，扣 9 分；0.60% < |相对误差|≤0.75%，扣 12 分；|相对误差| > 0.75%，扣 15 分；未平行测定 3 次或精密度未得分，均不得分</td><td>15</td><td></td></tr>
<tr><td rowspan="4">评判</td><td rowspan="4">报告编制</td><td>报告数据项目不全，结构混乱，无结论</td><td>5</td><td></td></tr>
<tr><td>报告数据项目全面且有结论，工作流程不连贯，结构不完整</td><td>10</td><td></td></tr>
<tr><td>报告数据全面且有正确结论，结构完整，且工作流程清晰</td><td>15</td><td></td></tr>
<tr><td>报告数据全面且有正确结论，结构完整，工作流程清晰，且包含科学的论据和创新内容</td><td>20</td><td></td></tr>
<tr><td>合计</td><td colspan="4"></td><td>100</td><td></td></tr>
</table>

想一想 练一练

1. 当被测水样满足哪些条件时可以不加入三乙醇胺、硫化钠溶液和盐酸羟胺溶液？
2. 金属指示剂的作用原理是什么？应该具备哪些条件？
3. 为什么使用金属指示剂时要限定适宜的 pH 值？
4. 为什么同一种指示剂用于不同金属离子滴定时，适宜的 pH 值条件不一定相同？

知识拓展

1. 配位反应比酸碱反应速度要慢，滴定过程中应慢滴快摇。

2. 配制 EDTA 溶液时加入 $MgCl_2$ 的原因：当水样中 Mg^{2+} 含量太少时，用 EDTA 测定水的硬度，终点变色不敏感。在配制 EDTA 溶液时加入适量 $MgCl_2$，在滴定过程中 Ca^{2+} 把 Mg^{2+} 从 Mg－EDTA 中置换出来，Mg^{2+} 与铬黑 T（EBT）形成紫红色化合物，终点时，颜色由紫红色变为纯蓝色，较为敏感。

3. 滴定终点时溶液为纯蓝色。若蓝中带紫，则 EDTA 不足；若蓝中带绿，则 EDTA 过量。

4. 铬黑 T（EBT）为一种有机弱酸，不同型体显示不同颜色。当 $pH<6.3$ 时，显紫红色；$pH>11.6$ 时，显橙红色；$6.3<pH<11.6$ 时，显蓝色。而 EBT 与金属离子形成的络合物为紫红色，因此 EBT 用作金属指示剂使用的 pH 值范围为 6.3～11.6，但实验证明最佳酸度范围为 9～10。

5. 数据处理时应注意最终结果的表示方式为 mg/L。

6. 水样中悬浮性或胶体有机物可影响终点的观察，可预先将水样蒸干并于 550 ℃灰化，用纯水溶解后再进行滴定。

7. 滴定时，Fe^{3+}、Al^{3+} 等干扰离子用三乙醇胺掩蔽，Cu^{2+}、Pb^{2+}、Zn^{2+} 等重金属离子可用 KCN、Na_2S 或巯基乙酸掩蔽。

对接世赛

1. 请结合本次实训，说明哪些健康与安全措施是必要的。

2. 请结合本次实训，说明需要哪些环境保护措施。

3. 撰写报告：请完成一份报告，内容包括实验过程中必须做好的健康、安全、环境保护措施，实验中的物料计算和过程记录、数据处理、结果的评价和问题分析。

4. 查阅相关专业英语资料，写出该任务实训中涉及的玻璃仪器、设备、化学试剂等的专业英语。

任务三　水处理剂聚硫酸铝中氧化铝含量的测定

任务书

通知：公司今早采购一批水处理剂聚硫酸铝，预计明早需投入使用，请检测中心于今天下午下班前对其进行品质检验，测定其中氧化铝含量，并出具检验报告。

由于时间比较紧张，假如你是检测中心某组的负责人，接到此任务你将如何和你的团队成员共同完成此任务？

任务分析

聚硫酸铝为褐色澄清溶液，产品呈弱酸性，无毒，是新一代无机高分子混凝剂，英文名

缩写为 PAS。分子结构庞大，吸附能力强，净水效果优于所有传统的无机净水剂。投入原水后形成的絮凝体大、沉淀速度快、活性高、过滤性好；对各种原水的适应性强，对水的 pH 值影响极小（pH 值 4～11）；不论原水浊度高低、废水污染物浓度大小，其净化效果显著；对设备、管道腐蚀性小，操作方便，投药量小，净化成本低。

化工行业标准《水处理剂　聚硫酸铝》（HG/T 5006—2016）规定，产品中氧化铝含量需大于等于 8.0%。本任务主要是用给定的仪器及试剂测定水处理剂聚硫酸铝中氧化铝的含量，从而判断水处理剂聚硫酸铝是否合格。具体内容包括：

①制定实训方案。

②列举实训中的健康与安全、环境保护措施。

③配制指定的实验试剂溶液。

④制备水处理剂聚硫酸铝试样。

⑤测定水处理剂聚硫酸铝中氧化铝的含量。

⑥处理数据并撰写工作报告。

⑦实验室组织与管理。

学习目标

知识目标	能力目标	素质目标
1. 说出水处理剂聚硫酸铝的用途与制备方法； 2. 说出水处理剂聚硫酸铝中氧化铝含量的测定原理和方法； 3. 列举实训中存在的健康与安全、环境保护措施	1. 制定水处理剂聚硫酸铝中氧化铝含量的测定实训方案； 2. 配制指定的实验试剂溶液； 3. 展示水处理剂聚硫酸铝试样的处理过程； 4. 展示水处理剂聚硫酸铝中氧化铝的含量测定过程； 5. 计算水处理剂聚硫酸铝中氧化铝的含量； 6. 评价实训结果，展示工作报告	1. 遵守操作规程，爱惜仪器设备； 2. 营造规范、整洁、有序的工作环境； 3. 独立思考、发现问题、解决问题； 4. 提高安全意识、质量意识和环保意识； 5. 实验室组织与管理（8S 管理）

思政融入点

序号	授课内容	思政融入点
1	组织教学	世界观、人生观、价值观教育
2	安全教育	安全意识培养
3	实验准备	团队合作精神、职业素养、劳动精神
4	水处理剂聚硫酸铝中氧化铝含量的测定	规范意识、标准意识、安全意识、责任意识、成本意识、节约意识、环保意识、竞争意识、团队合作精神、劳动精神、工匠精神、榜样的力量、职业素养等
5	实训结束工作	职业素养、劳动精神、环保意识

知识平台

配位滴定的方式一般分为直接滴定法、返滴定法、置换滴定法和间接滴定法。当金属离子与 EDTA 反应缓慢，或在适宜的酸度下水解副反应严重，或无适当指示剂时，不宜用直接滴定法，可采用返滴定法。例如，Al^{3+}的测定采用返滴定法，其步骤如下：试液中先加入一定量的 EDTA 标准溶液，在 pH≈3.5 时煮沸 2～3 min，使络合完毕。冷却至室温，调节 pH=5～6，在 HAc－NaAc 缓冲溶液中，以二甲酚橙作指示剂，用 Zn^{2+}标准溶液返滴定。

原理如下：

①Al^{3+}与 EDTA 络合速度缓慢，需在 EDTA 过量存在下，煮沸才能络合完全。

②Al^{3+}易水解，在最高允许酸度（pH=4.1）时，其水解副反应已相当明显，并可能形成多羟基络合物，如 $[Al_2(H_2O)_6(OH)_3]^{3+}$、$[Al(H_2O)_6(OH)_6]^{3+}$等。

③在酸性介质中，Al^{3+}对最常用的指示剂二甲酚橙有封闭作用。

任务实施

★【采用标准】

《水处理剂　聚硫酸铝》（HG/T 5006—2016）（氧化铝测定仲裁法）

●【方法原理】

用硫酸将试样解聚，在 pH≈3 时加入过量的 EDTA 标准溶液，使其与铝离子配位，然后用氯化锌标准滴定溶液回滴过量的 EDTA 标准溶液。

反应式如下：

$$Al^{3+} + H_2Y^{2-} \longrightarrow AlY^- + 2H^+ \qquad Zn^{2+} + H_2Y^{2-} \longrightarrow ZnY^{2-} + 2H^+$$

▲【仪器试剂】

仪器和试剂		准备情况
主要仪器	分析天平、25.00 mL 移液管 1 支、250 mL 锥形瓶 4 个、250 mL 容量瓶 4 个、洗耳球 1 个、50 mL 聚四氟滴定管 1 支、电炉	
试剂	水处理剂聚硫酸铝、乙二胺四乙酸二钠滴定液、0.025 mol/L 氯化锌标准溶液、百里香酚蓝指示剂、5 g/L 二甲酚橙指示剂、氨水溶液（1∶1）、硫酸（1∶1）、乙酸－乙酸钠缓冲溶液	

◆【任务操作】

1. 配制指定的实验试剂溶液

根据现场提供的试剂，按要求配制 1 g/L 百里香酚蓝指示剂（乙醇溶液）50 mL。

2. 水处理剂聚硫酸铝中氧化铝含量的测定

称取约 6 g 试样，精确至 0.2 mg。置于 250 mL 烧杯中，加入 20 mL 水和 5 mL 硫酸溶液（1∶1），盖上表面皿，加热并煮沸 1 min。冷却，转移至 250 mL 容量瓶中，稀释至刻度，摇

匀。此为试液 A。

在 250 mL 烧杯中加入 20 mL 水和 5 mL 硫酸溶液（1∶1），盖上表面皿，加热并煮沸 1 min。冷却，转移至 250 mL 容量瓶中，稀释至刻度，摇匀。此为试液 B。

移取 25.00 mL 试液 A，置于 250 mL 锥形瓶中。加入 25.00 mL EDTA 标准溶液，滴加 3～4滴百里香酚蓝指示液，用氨水溶液中和至试液从红色到黄色，煮沸 2 min。冷却，加入 10 mL 乙酸－乙酸钠缓冲溶液和 2 滴二甲酚橙指示液，加入 50 mL 水，用氯化锌标准溶液（0.025 mol/L）滴定至溶液由淡黄色变为微红色即为终点。

平行测定 3 次，同时做空白试验（试液 B）。

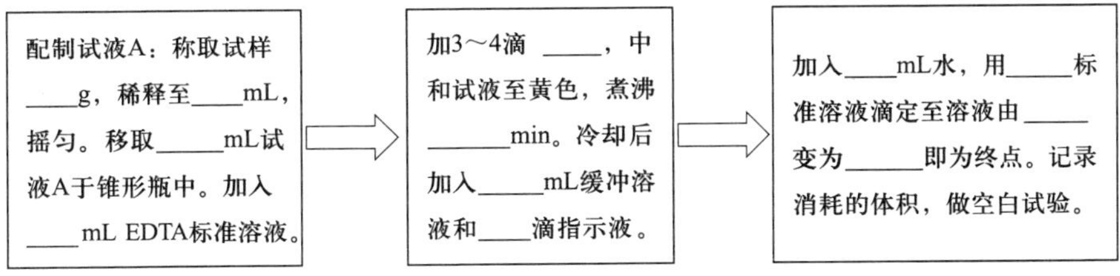

▼【数据记录】

测定项目		1	2	3
称量瓶＋聚硫酸铝样品的质量（第一次读数）/g				
称量瓶＋聚硫酸铝样品的质量（第二次读数）/g				
聚硫酸铝样品的质量/g				
测定试验	滴定管初读数/mL			
	滴定管终读数/mL			
	测定样品消耗氯化锌标准溶液的体积/mL			
	体积校正值/mL			
	溶液温度/℃			
	溶液温度校正值/mL			
	测定样品实际消耗氯化锌标准溶液的体积/mL			
空白试验	滴定管初读数/mL			
	滴定管终读数/mL			
	空白滴定消耗氯化锌标准溶液的体积/mL			
	体积校正值/mL			
	溶液温度/℃			
	溶液温度校正值/mL			
	空白滴定实际消耗氯化锌标准溶液的体积/mL			
氯化锌标准溶液浓度/（mol/L）				
水处理剂聚硫酸铝中氧化铝的含量/%				
水处理剂聚硫酸铝中氧化铝的含量平均值/%				
平行测定结果的相对极差/%				

【结果计算】

$$\omega(\mathrm{Al_2O_3}) = \frac{c\cdot(V_0 - V_1)\times 10^{-3}\times 50.98}{m\times\frac{25.00}{250.00}}\times 100$$

式中 $\omega(\mathrm{Al_2O_3})$——水处理剂聚硫酸铝中氧化铝的质量分数,%;

c——氯化锌标准溶液的浓度，mol/L;

V_1——测定样品实际消耗氯化锌标准溶液的体积，mL;

V_0——空白试验滴定消耗氯化锌标准溶液的体积，mL;

m——水处理剂聚硫酸铝样品的质量，g;

50.98——$\frac{1}{2}\mathrm{Al_2O_3}$ 的摩尔质量，g/mol。

【结果评价】

评分内容	评分项	评判类型	评分指标	指标分数描述	配分	得分
实验准备（20 分）	个人健康、安全、仪器设备准备、溶液配制	测量	熟悉现场健康、安全和环境保护内容，写出相应措施	若实验操作正式开始前，未在报告纸上撰写相关内容，扣除所有分数；若内容缺项，按要点平均扣分	3	
		测量	全过程个人防护用品穿戴	若未按要求正确穿戴口罩、实验服、护目镜、手套等，扣除所有分数	2	
		测量	全过程无破碎玻璃器皿	如果不满足要求，扣除所有分数	2	
		测量	实验室器具贴标签	对于易混用玻璃器皿，若有一个未贴标签，扣除所有分数	2	
		测量	实验全过程干净整洁，无试剂溢出和洒落	如果不满足条件，扣除所有分数（去离子水可有些许洒落，须随手擦干）	2	
		测量	标签识读和试剂选用	如果不能正确识读和选用英文标识，导致药品试剂选择错误，扣除所有分数	2	
		测量	1 g/L 百里香酚蓝指示液	如果物料计算错误或称量错误，或者未用95%乙醇溶解百里香酚蓝，扣除所有分数	4	
		测量	在专用容器中处理废弃物	如果未在专用容器中处理废弃物，扣除所有分数	3	
实验操作（27 分）	样品制备、含量测定、文明操作	测量	样品溶液的制备	如果未按规范操作，每错 1 次扣除 1 分，直至扣完为止	3	
		测量	空白溶液的制备	未调节到合适的范围，每错 1 次扣除 1 分，直至扣完为止	3	
		测量	样品分析：滴定操作	如果未按规范操作、读数错误，每错 1 次扣除 1 分，直至扣完为止	5	
		测量	样品分析：滴定终点	如果某次颜色不是终点色，扣除 1 分，直至扣完为止	3	
		测量	样品分析：空白试验	如果未按规范操作，扣除所有分数	3	

续表

<table>
<tr><th>评分内容</th><th>评分项</th><th>评判类型</th><th>评分指标</th><th>指标分数描述</th><th>配分</th><th>得分</th></tr>
<tr><td rowspan="7">实验操作（27 分）</td><td rowspan="7">样品制备、含量测定、文明操作</td><td>测量</td><td>原始数据记录</td><td>原始数据记录及时，须用规范纸张记录，规范改正数据，不缺项</td><td>3</td><td></td></tr>
<tr><td>测量</td><td>重大操作失误</td><td>存在重吸、重测行为，扣除所有分数</td><td>3</td><td></td></tr>
<tr><td rowspan="4">评判</td><td rowspan="4">工作场地组织和管理</td><td>工作场地混乱，玻璃仪器、试剂用完后未及时归位（未做完实验得 0 分）</td><td>1</td><td></td></tr>
<tr><td>工作场地有序，玻璃仪器、试剂用完后及时归位，个别仪器未及时归位</td><td>2</td><td></td></tr>
<tr><td>工作场地管理规范有序，所有玻璃仪器、试剂及时归位</td><td>3</td><td></td></tr>
<tr><td>工作场地管理规范有序，所有玻璃仪器、试剂及时归位且使用了其他的高效工作场地管理方法</td><td>4</td><td></td></tr>
<tr><td colspan="5"></td></tr>
<tr><td rowspan="8">结果报告（53 分）</td><td rowspan="8">数据处理、撰写报告</td><td>测量</td><td>数据处理</td><td>如果未进行滴定管体积校正、温度校正，或计算过程及结果不正确，扣除该项的所有分数</td><td>3</td><td></td></tr>
<tr><td>测量</td><td>有效数字保留与修约</td><td>如果有效数字保留或修约不正确，扣除所有分数</td><td>3</td><td></td></tr>
<tr><td>测量</td><td>样品测定的精密度</td><td>相对极差≤0.15%，不扣分；0.15%＜相对极差≤0.30%，扣 3 分；0.30%＜相对极差≤0.45%，扣 6 分；0.45%＜相对极差≤0.60%，扣 9 分；相对极差＞0.60%，扣 12 分；未平行测定 3 次，不得分</td><td>12</td><td></td></tr>
<tr><td>测量</td><td>样品测定的准确度</td><td>|相对误差|≤0.15%，不扣分；0.15%＜|相对误差|≤0.30%，扣 3 分；0.30%＜|相对误差|≤0.45%，扣 6 分；0.45%＜|相对误差|≤0.60%，扣 9 分；0.60%＜|相对误差|≤0.75%，扣 12 分；|相对误差|＞0.75%，扣 15 分；未平行测定 3 次或精密度未得分，均不得分</td><td>15</td><td></td></tr>
<tr><td rowspan="4">评判</td><td rowspan="4">报告编制</td><td>报告数据项目不全，结构混乱，无结论</td><td>5</td><td></td></tr>
<tr><td>报告数据项目全面且有结论，工作流程不连贯，结构不完整</td><td>10</td><td></td></tr>
<tr><td>报告数据全面且有正确结论，结构完整，且工作流程清晰</td><td>15</td><td></td></tr>
<tr><td>报告数据全面且有正确结论，结构完整，工作流程清晰，且包含科学的论据和创新内容</td><td>20</td><td></td></tr>
<tr><td>合计</td><td colspan="4"></td><td>100</td><td></td></tr>
</table>

想一想 练一练

1. 什么是金属指示剂的封闭和僵化？如何避免？

2. 两种金属离子 M 和 N 共存时，在什么条件下才可用控制酸度的方法进行分别滴定？

3. 掩蔽的方法有哪些？各应用于什么场合？为防止干扰，是否在任何情况下都能使用掩蔽方法？

4. 用返滴定法测定 Al^{3+} 含量，应在 pH = 3.0 左右时加入过量 EDTA 并加热，使 Al^{3+} 配位，试说明选择此 pH 值的理由。

知识拓展

置换滴定法是以金属离子 M 置换出金属离子 N（用于 M 与 EDTA 反应不彻底时），置换出 Y（适用于存在众多干扰离子时），如锡合金中与 Sn^{4+} 共存的有 Zn^{2+}、Cd^{2+}、Ba^{2+}、Pb^{2+} 等。

例如，利用置换滴定法测定铝盐中铝的含量：在铝盐溶液中，当 pH = 3 ~ 4 时，加入过量的 EDTA 标准溶液，煮沸使之完全配合，剩余的 EDTA 用锌标准溶液滴定（不计体积），然后加入过量的 NH_4F，加热煮沸，使 AlY^- 与 F^- 反应，置换出和 Al^{3+} 等量的 EDTA，用二甲酚橙为指示剂，用锌标准溶液滴定至溶液由黄色变为紫红色为终点。

对接世赛

1. 请结合本次实训，说明哪些健康与安全措施是必要的。

2. 请结合本次实训，说明需要哪些环境保护措施。

3. 撰写报告：请完成一份报告，内容包括实验过程中必须做好的健康、安全、环境保护措施，实验中的物料计算和过程记录、数据处理、结果的评价和问题分析。

4. 查阅相关专业英语资料，写出该任务实训中涉及的玻璃仪器、设备、化学试剂等的专业英语。

考核任务　样品中铁、铝混合金属组分的含量测定

一、健康与安全

请根据试题要素描述本项目中涉及的可能对本人及他人造成伤害的因素。

二、环境保护

请列出实验过程中可能产生的环境污染及相应的处置措施。

三、原理

在铁和铝的混合试样中，通过控制溶液的 pH 值，在使用适当指示剂的情况下用 EDTA 测定样品中 Fe^{3+}、Al^{3+} 的含量，化学反应方程式为：

$$Fe^{3+} + Y^{4-} \longrightarrow FeY^{-} \qquad Al^{3+} + Y^{4-} \longrightarrow AlY^{-}$$

$$AlY^{-} + 6F^{-} \longrightarrow [AlF_6]^{3-} + Y^{4-} \qquad Cu^{2+} + Y^{4-} \longrightarrow CuY^{2-}$$

四、考核目标

1. 溶液的配制。
2. 硫酸铜标准溶液的标定。
3. 对混合组分进行分析。
4. 报告。

五、设备、 试剂与溶液

电子天平，0.1 mg； 电子天平，10 mg； 电炉； 滴定台（含滴定管夹）； 其他实验辅助设备	滴定管，50 mL； 各种规格容量瓶； 各种规格刻度吸量管； 各种规格的烧杯； 各种规格的试剂瓶； 锥形瓶，300 mL； 各种规格的量筒； 精密 pH 试纸； 滴管、洗瓶、洗耳球、吸量管架、玻璃棒等	EDTA 标准溶液：0.02 mol/L； $CuSO_4 \cdot 5H_2O$，分析纯； pH＝4.3 的 HAc－NaAc 缓冲溶液； 20% 盐酸溶液； NH_4F，分析纯； 样品：Fe^{3+}（0.4～0.9 g/L）、 Al^{3+}（0.2～0.4 g/L）； 磺基水杨酸钠（Ssal）指示剂，100 g/L； PAN 指示剂，5 g/L； 去离子水

六、实验

1. 溶液的制备

设计并配制 0.02 mol/L 硫酸铜标准滴定溶液。

2. 硫酸铜标准滴定溶液的标定

从滴定管中放出适量已知准确浓度的 EDTA 标准滴定溶液置于锥形瓶中，用水稀释至约 150 mL，加 15 mL pH = 4.3 的 HAc - NaAc 缓冲溶液，加热至沸，取下冷却，加 10 ~ 15 滴 5 g/L PAN指示剂，以硫酸铜标准滴定溶液滴定至滴定终点。

平行标定 3 次。计算硫酸铜标准滴定溶液的浓度，保留 4 位有效数字。计算标定浓度的相对平均偏差，保留小数点后两位。

3. 样品的分析

1）样品中铁的含量测定。准确移取 50.00 mL 试样置于锥形瓶中，调节溶液 pH 值至 1.8 ~ 2.0，加热溶液至 60 ~ 70 ℃，加 10 滴 100 g/L 的磺基水杨酸钠（Ssal）指示剂，用 EDTA标准滴定溶液滴定至滴定终点。

2）样品中铝的含量测定（请严格按照下列方法测定，否则不予计分）。在上述测定完成铁的含量的溶液中加入过量的 EDTA 标准滴定溶液，加热溶液至 70 ~ 80 ℃，调节溶液 pH 值至 3.0 ~ 3.5，加入 15 mL pH = 4.3 的 HAc - NaAc 缓冲溶液，煮沸溶液 1 ~ 2 min，取下冷却，加入 10 ~ 15 滴 5 g/L PAN 指示剂，以硫酸铜标准滴定溶液滴定至变色点。再加入 1 ~ 2 g NH_4F，煮沸后再用硫酸铜标准滴定溶液滴定至滴定终点。

平行测定 2 次。计算铁、铝的质量浓度，保留 4 位有效数字。用相对相差计算结果的重现性，保留小数点后两位。

对接世赛

1. 请结合本次实训，说明哪些健康与安全措施是必要的。
2. 请结合本次实训，说明需要哪些环境保护措施。
3. 撰写报告：请完成一份报告，内容包括实验过程中必须做好的健康、安全、环境保护措施，实验中的物料计算和过程记录、数据处理、结果的评价和问题分析。
4. 查阅相关专业英语资料，写出该任务实训中涉及的玻璃仪器、设备、化学试剂等的专业英语。

✍**【结果评价】**

评分项	评判类型	评分指标	指标分数描述	配分	得分
工作场地管理、设备及试剂准备（25 分）	测量	熟知 HSE 要求	开始实验前未完成 HSE 描述，扣除所有分数	4	
	测量	个人安全防护	实验全程未佩戴口罩、未正确使用护目镜和手套，扣除所有分数	2	
	测量	全过程无破碎玻璃器皿	如果不满足要求，扣除所有分数	2	
	测量	实验室器具贴标签	对于易混用玻璃器皿，若有一个未贴标签，扣除所有分数	2	
	测量	实验全过程干净整洁，无试剂溢出和洒落	如果不满足条件，扣除所有分数（去离子水可有些许洒落，须随手擦干）	2	

续表

评分项	评判类型	评分指标	指标分数描述	配分	得分
工作场地管理、设备及试剂准备（25分）	测量	标签识读和试剂选用	如果不能正确识读和选用英文标识，导致药品试剂选择错误，扣除所有分数	2	
	测量	硫酸铜标准滴定溶液的配制	如果物料计算错误或称量错误，扣除所有分数	3	
	测量	仪器准备	未按程序预处理滴定管、容量瓶扣除全部分数	1	
	评判	工作场地组织和管理	工作场地混乱，玻璃仪器、试剂用完后未及时归位（未做完实验得0分）	1	
			工作场地有序，玻璃仪器、试剂用完后及时归位，个别仪器未及时归位	2	
			工作场地管理规范有序，所有玻璃仪器、试剂及时归位	3	
			工作场地管理规范有序，所有玻璃仪器、试剂及时归位且使用了其他的高效工作场地管理方法	4	
	测量	在专用容器中处理废弃物	如果未在专用容器中处理废弃物，扣除所有分数	3	
实验操作（22分）	测量	称量	使用电子天平称量不规范，扣除所有分数	2	
	测量	硫酸铜标准滴定溶液的标定	滴定终点的判定不正确或未平行标定3次，扣除所有分数	6	
	测量	样品中铁的含量测定	如果未按操作程序进行样品中铁含量的测定或滴定终点的判定不正确，扣除所有分数	4	
	测量	样品中铝的含量测定	如果未按操作程序进行样品中铝含量的测定或滴定终点的判定不正确，扣除所有分数	4	
	测量	原始数据记录	原始数据记录及时，须用规范纸张记录，规范改正数据，不缺项	3	
	测量	重大操作失误	存在重称、重吸、重测行为，扣除所有分数	3	
结果的处理、分析与记录（53分）	测量	数据处理	计算过程及结果不正确，扣除所有分数	3	
	测量	有效数字保留与修约	如果有效数字保留或修约不正确，扣除所有分数	2	
	测量	硫酸铜溶液标定的精密度	相对平均偏差≤0.15%，不扣分；0.15% < 相对平均偏差≤0.30%，扣1分；0.30% < 相对平均偏差≤0.45%，扣2分；0.45% < 相对平均偏差≤0.60%，扣3分；相对平均偏差 > 0.60%，扣4分；未平行测定3次，不得分	4	
	测量	样品中铁测定的精密度	相对相差≤0.20%，不扣分；0.20% < 相对相差≤0.50%，扣1分；0.50% < 相对相差≤0.80%，扣2分；0.80% < 相对相差≤1.10%，扣3分；相对相差 > 1.10%，扣4分；未平行测定2次，不得分	4	

续表

评分项	评判类型	评分指标	指标分数描述	配分	得分
结果的处理、分析与记录（53分）	测量	样品中铝测定的精密度	相对相差≤0.20%，不扣分；0.20%＜相对相差≤0.50%，扣1分；0.50%＜相对相差≤0.80%，扣2分；0.80%＜相对相差≤1.10%，扣3分；相对相差＞1.10%，扣4分；未平行测定2次，不得分	4	
	测量	硫酸铜溶液标定的准确度	|相对误差|≤0.15%，不扣分；0.15%＜|相对误差|≤0.30%，扣2分；0.30%＜|相对误差|≤0.45%，扣4分；0.45%＜|相对误差|≤0.60%，扣6分；|相对误差|＞0.60%，扣8分；未平行测定3次或精密度未得分，均不得分	8	
	测量	样品中铁测定的准确度	|相对误差|≤0.20%，不扣分；0.20%＜|相对误差|≤0.50%，扣2分；0.50%＜|相对误差|≤0.80%，扣4分；0.80%＜|相对误差|≤1.10%，扣6分；|相对误差|＞1.10%，扣8分；未平行测定2次或精密度未得分，均不得分	8	
	测量	样品中铝测定的准确度	|相对误差|≤0.20%，不扣分；0.20%＜|相对误差|≤0.50%，扣2分；0.50%＜|相对误差|≤0.80%，扣4分；0.80%＜|相对误差|≤1.10%，扣6分；|相对误差|＞1.10%，扣8分；未平行测定2次或精密度未得分，均不得分	8	
	评判	报告编制	报告数据项目不全，结构混乱，无结论	3	
			报告数据项目全面且有结论，工作流程不连贯，结构不完整	6	
			报告数据全面且有正确结论，结构完整，且工作流程清晰	9	
			报告数据全面且有正确结论，结构完整，工作流程清晰，且包含科学的论据和创新内容	12	
合计				100	

项目四

沉淀滴定法操作技能实训

项目描述

沉淀滴定法以沉淀反应为基础，在众多的能生成沉淀的反应中，由于很多反应生成沉淀的组成不恒定、溶解度较大、容易形成过饱和溶液、达到平衡的速度慢、共沉淀现象严重等，真正能够适用于沉淀滴定分析的非常少。

通常能够用于沉淀滴定的反应必须满足以下几点要求：

①生成沉淀的溶解度必须很小，才能获得敏锐的终点和准确的结果。

②沉淀反应必须迅速、定量进行，并且要求具有确定的计量关系。

③沉淀的吸附作用不影响滴定结果及终点判断。

④可以用指示剂或其他适当的方法指示滴定终点的到达。

目前，运用较多的主要是生成难溶性银盐的反应，其对应的沉淀滴定法就是银量法。

本项目通过操作技能训练，使学生学会硝酸银标准溶液的配制与标定、食盐中氯化钠含量的测定、肥皂中氯化物含量的测定、生理盐水中氯化钠含量的测定、工业烧碱中氯化钠含量的测定等操作技能要点，能利用沉淀滴定的基本知识解释并分析实验现象与过程，学会进行相关的数据分析与处理，会对检测结果作出评价并出具检验报告。

任务一　食盐中氯化钠含量的测定

任务书

学校食堂采购了一批二级精制盐，为了检验食盐的纯净程度，要求作为质量检验专业学生的你，利用沉淀滴定测定其含量，并出具检验结果报告单。

任务分析

食盐是生活中必不可少的重要调味品之一。食盐中含有钠离子和氯离子，既可以调味，还可以帮助维持人体的渗透压的平衡，在维持神经和肌肉等正常兴奋性上也有作用。人体如果缺乏食盐，体内钠离子含量减少，钾离子从细胞进入血液，就会造成血液变稠、尿液量少、皮肤发黄等病症。

氯化钠含量是国家标准《食用盐》（GB/T 5461—2016）中规定的最主要化学成分指标之一，它体现了食盐的纯净程度，被列为食用盐必检项目。

本任务主要是用给定的仪器及试剂来测定食盐中氯化钠的含量，从而判断市场销售的食盐是否合格。具体内容包括：

①制定实训方案。

②列举实训中的健康与安全、环境保护措施。

③配制指定的实验试剂溶液。

④制备食盐试样。

⑤测定食盐中氯化钠的含量。

⑥处理数据并撰写工作报告。

⑦实验室组织与管理。

学习目标

知识目标	能力目标	素质目标
1. 说出氯化钠的用途与制备流程； 2. 解释滴定条件对测定结果的影响； 3. 说出食盐中氯化钠含量的测定原理和方法； 4. 列举实训中存在的健康与安全、环境保护措施	1. 制定食盐中氯化钠含量的测定实训方案； 2. 配制指定的实验试剂溶液； 3. 展示食盐试样的处理过程； 4. 展示食盐中氯化钠的含量测定过程； 5. 计算食盐中氯化钠的含量； 6. 评价实训结果，展示工作报告	1. 遵守操作规程，爱惜仪器设备； 2. 营造规范、整洁、有序的工作环境； 3. 独立思考、发现问题、解决问题； 4. 提高安全意识、质量意识和环保意识； 5. 实验室组织与管理（8S 管理）

思政融入点

序号	授课内容	思政融入点
1	组织教学	世界观、人生观、价值观教育
2	安全教育	安全意识培养
3	食盐的质量指标	职业道德、健康生命教育
4	实验准备	团队合作精神、职业素养、劳动精神
5	食盐中氯化钠含量的检验	规范意识、标准意识、安全意识、责任意识、成本意识、节约意识、环保意识、竞争意识、团队合作精神、劳动精神、工匠精神、榜样的力量、职业素养等
6	实训结束工作	职业素养、劳动精神、环保意识

知识平台

食用盐小常识

一、碘是人体必需的微量元素

碘是人体所必需的一种微量元素，被医学专家称为“智力元素”。中国营养学会推荐13岁以后每天碘的摄入量为150 μg。我国绝大多数地区为环境缺碘地区，碘的摄入量不足可导致碘缺乏病。碘缺乏病不仅仅是人们常说的甲状腺肿大，其对人类最大的危害是造成智力的损害，甚至是智力残疾，这种智力残疾是不可逆转的，目前世界上尚无法医治。

二、食用碘盐是防治碘缺乏病的好方法

防治碘缺乏病最根本的措施是食盐加碘。这是几十年的防治经验所证实的，是各种补碘办法中最好的方法，它不仅安全、有效、经济和容易推广，又符合微量、长期及生活化的要求。

我国规定的食盐含碘量为20～60 mg/kg，食用这种碘盐完全可以保证每日人体对碘的需要量。如果每人每日摄入5 g碘盐，每天就可补充200 μg的碘，足以满足人体的生理需要量。这样既不会造成浪费，又不会有任何不良反应，既安全又有效，且经济、易推广。食用碘盐非常经济，只需花很少的钱即可解决防治碘缺乏病的问题。由于外环境缺碘，人类需要长期适量补碘，而盐是人们生活中的必需品，食盐是补碘的最好载体。通过吃碘盐，就能够保证补碘的生活化、适量化及持久性。

三、哪些人不宜吃碘盐

甲状腺功能亢进患者、甲状腺炎症患者等极少数人不宜食用加碘食盐。生活在高碘地区的居民每天从高碘食物和高碘饮水中已经得到了较高剂量的碘，故也不宜食用碘盐，可到当地盐业公司购买非碘食盐。

任务实施

★【采用标准】

《食品安全国家标准　食盐指标的测定》（GB 5009. 42—2016）

●【方法原理】

样品溶解后，以铬酸钾作指示剂，用硝酸银标准滴定溶液滴定，测定氯离子的含量。其原理如下：

滴定反应：$Ag^+ + Cl^- \xlongequal{} AgCl\downarrow$（白色）

终点指示反应：$2Ag^+ + CrO_4^{2-} \xlongequal{} Ag_2CrO_4\downarrow$（砖红色）

计量关系：$n(Ag^+) = n(Cl^-)$

▲【仪器试剂】

仪器和试剂		准备情况
主要仪器	电子天平1台、25 mL移液管1支、250 mL容量瓶6个、300 mL烧杯1个、250 mL锥形瓶4个、洗耳球1个、50 mL棕色聚四氟滴定管1支、电炉	
试剂	食盐试样、硝酸银滴定液（0.1 mol/L）、铬酸钾指示剂	

◆【任务操作】

1. 配制指定的实验试剂溶液

根据现场提供的试剂，按要求配制10 g/100 mL的铬酸钾指示剂100 mL。

2. 试样处理与测定

称取13 g（精确至0.000 1 g）粉碎的食盐试样置于300 mL烧杯中，加约100 mL的水，加热，用玻璃棒搅拌至全部溶解。冷却后转移至250 mL容量瓶中，加水定容，摇匀，必要时过滤。吸取25.00 mL试样溶液置于250 mL容量瓶中，用水定容，混匀。

吸取25.00 mL稀释的试样溶液置于250 mL锥形瓶中，加水至50 mL，加入4滴铬酸钾指示剂，边搅拌边用硝酸银标准滴定溶液滴定，直至悬浊液中出现稳定的砖红色为终点。平行测定3次，同时做空白试验。

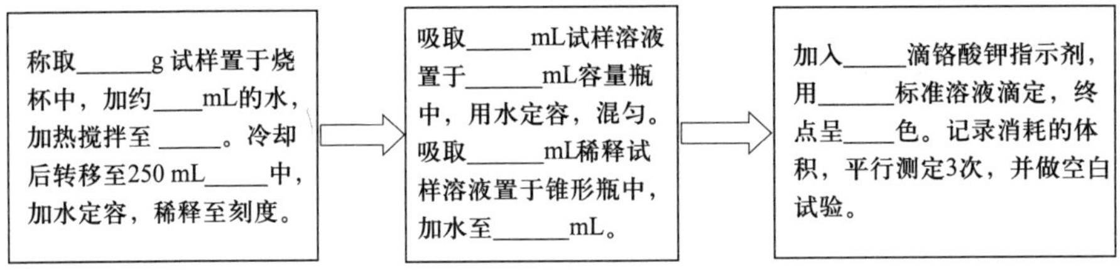

▼【数据记录】

测定项目	1	2	3
称量瓶+样重（取样前）/g			
称量瓶+样重（取样后）/g			
样重/g			
滴定管初读数/mL			
滴定管终读数/mL			
滴定消耗硝酸银标准溶液体积/mL			
体积校正值/mL			
溶液温度/℃			
溶液温度校正值/mL			

续表

测定项目	1	2	3
实际消耗硝酸银标准溶液的体积/mL			
空白试验消耗硝酸银标准溶液体积/mL			
硝酸银标准溶液浓度/（mol/L）			
试样中氯化钠的含量/%			
试样中氯化钠的含量平均值/%			
平行测定结果的相对平均偏差/%			

☯【结果计算】

$$NaCl\% = \frac{c \cdot (V_1 - V_0) \times M}{m \times \frac{25.00}{250.00} \times \frac{25.00}{250.00} \times 1\ 000} \times 100$$

式中　NaCl%——试样中氯化钠的含量,%；

V_1——测定样品消耗硝酸银标准溶液的体积，mL；

V_0——空白试验消耗硝酸银标准溶液的体积，mL；

c——硝酸银标准滴定溶液的浓度，mol/L；

M——氯化钠的摩尔质量（M=58.5），g/mol；

m——试样质量，g。

✍【结果评价】

评分内容	评分项	评判类型	评分指标	指标分数描述	配分	得分
实验准备（20分）	个人健康、安全、仪器设备准备、溶液配制	测量	熟悉现场健康、安全和环境保护内容，写出相应措施	若实验操作正式开始前，未在报告纸上撰写相关内容，扣除所有分数；若内容缺项，按要点平均扣分	4	
		测量	全过程个人防护用品穿戴	若未按要求正确穿戴口罩、实验服、护目镜、手套等，扣除所有分数	2	
		测量	全过程无破碎玻璃器皿	如果不满足要求，扣除所有分数	2	
		测量	实验室器具贴标签	对于易混用玻璃器皿，若有一个未贴标签，扣除所有分数	2	
		测量	实验全过程干净整洁，无试剂溢出和洒落	如果不满足条件，扣除所有分数（去离子水可有些许洒落，须随手擦干）	2	
		测量	标签识读和试剂选用	如果不能正确识读和选用英文标识，导致药品试剂选择错误，扣除所有分数	2	
		测量	10 g/100 mL的铬酸钾指示剂的配制	如果物料计算错误或称量错误，或者配制方法不正确，扣除所有分数	3	
		测量	在专用容器中处理废弃物	如果未在专用容器中处理废弃物，扣除所有分数	3	

续表

<table>
<tr><th>评分内容</th><th>评分项</th><th>评判类型</th><th>评分指标</th><th>指标分数描述</th><th>配分</th><th>得分</th></tr>
<tr><td rowspan="11">实验操作（25 分）</td><td rowspan="11">样品制备、含量测定、文明操作</td><td>测量</td><td>食盐样品：称量</td><td>如果未按规范操作，每错 1 次扣除 1 分，直至扣完为止</td><td>3</td><td></td></tr>
<tr><td>测量</td><td>食盐样品：稀释</td><td>如果未按规范操作，每错 1 次扣除 1 分，直至扣完为止</td><td>3</td><td></td></tr>
<tr><td>测量</td><td>样品分析：滴定操作</td><td>如果未按规范操作、读数错误，每错 1 次扣除 1 分，直至扣完为止</td><td>3</td><td></td></tr>
<tr><td>测量</td><td>样品分析：滴定终点</td><td>如果某次颜色不是终点色，扣除 1 分，直至扣完为止</td><td>3</td><td></td></tr>
<tr><td>测量</td><td>样品分析：空白试验</td><td>如果未按规范操作，扣除所有分数</td><td>3</td><td></td></tr>
<tr><td>测量</td><td>原始数据记录</td><td>原始数据记录及时，须用规范纸张记录，规范改正数据，不缺项</td><td>3</td><td></td></tr>
<tr><td>测量</td><td>重大操作失误</td><td>存在重吸、重测行为，扣除全部分数</td><td>3</td><td></td></tr>
<tr><td rowspan="4">评判</td><td rowspan="4">工作场地组织和管理</td><td>工作场地混乱，玻璃仪器、试剂用完后未及时归位（未做完实验得 0 分）</td><td>1</td><td></td></tr>
<tr><td>工作场地有序，玻璃仪器、试剂用完后及时归位，个别仪器未及时归位</td><td>2</td><td></td></tr>
<tr><td>工作场地管理规范有序，所有玻璃仪器、试剂及时归位</td><td>3</td><td></td></tr>
<tr><td>工作场地管理规范有序，所有玻璃仪器、试剂及时归位且使用了其他的高效工作场地管理方法</td><td>4</td><td></td></tr>
<tr><td rowspan="4">结果报告（55 分）</td><td rowspan="4">数据处理、撰写报告</td><td>测量</td><td>数据处理</td><td>如果未进行滴定管体积校正、温度校正，或计算过程及结果不正确，扣除所有分数</td><td>5</td><td></td></tr>
<tr><td>测量</td><td>有效数字保留与修约</td><td>如果有效数字保留或修约不正确，则扣除所有分数</td><td>3</td><td></td></tr>
<tr><td>测量</td><td>样品测定的精密度</td><td>相对平均偏差 ≤ 0.15%，不扣分；0.15% < 相对平均偏差 ≤ 0.30%，扣 3 分；0.30% < 相对平均偏差 ≤ 0.45%，扣 6 分；0.45% < 相对平均偏差 ≤ 0.60%，扣 9 分；相对平均偏差 > 0.60%，扣 12 分；未平行测定 3 次，不得分</td><td>12</td><td></td></tr>
<tr><td>测量</td><td>样品测定的准确度</td><td>|相对误差| ≤ 0.15%，不扣分；0.15% < |相对误差| ≤ 0.30%，扣 3 分；0.30% < |相对误差| ≤ 0.45%，扣 6 分；0.45% < |相对误差| ≤ 0.60%，扣 9 分；0.60% < |相对误差| ≤ 0.75%，扣 12 分；|相对误差| > 0.75%，扣 15 分；未平行测定 3 次或精密度未得分，均不得分</td><td>15</td><td></td></tr>
</table>

续表

评分内容	评分项	评判类型	评分指标	指标分数描述	配分	得分
结果报告（55 分）	数据处理、撰写报告	评判	报告编制	报告数据项目不全，结构混乱，无结论	5	
				报告数据项目全面且有结论，工作流程不连贯，结构不完整	10	
				报告数据全面且有正确结论，结构完整，且工作流程清晰	15	
				报告数据全面且有正确结论，结构完整，工作流程清晰，且包含科学的论据和创新内容	20	
合计					100	

想一想 练一练

1. 铬酸钾指示剂的加入量对测定结果有无影响？为什么？
2. 硝酸银溶液应如何保存？使用时应注意什么？
3. 用莫尔法测定样品时，为什么溶液的 pH 值须控制在 6.5 ~ 10.5 之间？
4. 能否用莫尔法以氯化钠标准溶液直接滴定 Ag^+？为什么？

知识拓展

1. 莫尔法的应用范围

适宜测定氯化物和溴化物，不宜测定 I^-、SCN^-。

2. 干扰离子

能和 Ag^+ 生成微溶物的阴离子（PO_4^-、AsO_4^{3-}、SO_3^{2-}、S^{2-}、CO_3^{2-}、$C_2O_4^{2-}$）；能和 CrO_4^{2-} 生成微溶物的阳离子（Ba^{2+}、Pb^{2+}）；在弱酸性溶液中发生水解的离子（Al^{3+}、Fe^{3+}、Bi^{3+}、Sn^{4+}）；有色离子（Cu^{2+}、Ni^{2+}、Co^{2+}）。

3. 滴定速度

滴定速度不宜过快且要充分振摇。因为滴定过快会造成局部过量，使 Cl^- 被吸附，同时造成 Ag_2CrO_4 砖红色提前出现，充分振摇是为了使 Cl^- 解吸出来参加反应，以减少误差。

对接世赛

1. 请结合本次实训，说明哪些健康与安全措施是必要的。
2. 请结合本次实训，说明需要哪些环境保护措施。
3. 撰写报告：请完成一份报告，内容包括实验过程中必须做好的健康、安全、环境保护措施，实验中的物料计算和过程记录、数据处理、结果的评价和问题分析。
4. 查阅相关专业英语资料，写出该任务实训中涉及的玻璃仪器、设备、化学试剂等的专业英语。

任务二　肥皂中氯化物含量的测定

任务书

某日用化妆品企业刚生产出一批肥皂，在出厂前需进行品质检验，请你利用沉淀滴定测定其氯化物含量，并出具检验结果报告单。

任务分析

肥皂是最常见的日用品之一，虽然看起来极其普通，但用途却非常广泛。人类最早使用肥皂可以追溯到好几个世纪以前，在漫长的历史过程中，肥皂一直都是最常用的清洁用品之一。然而，随着洗涤用品产业的发展，工业洗涤产品渐渐占领了肥皂的阵地。与此同时，人们似乎也忘记了肥皂是一种纯天然、能够完全生物降解、适用于任何敏感肌肤的洗涤用品。近年来，随着纯天然、经济实惠、可居家自制产品的流行，肥皂重新回归到我们的生活之中。

肥皂在皂化过程中常以氯化钠作盐析剂，在使用的碱中也常含有一定量的氯化钠。因此，肥皂中必然含有一定量的氯化物，氯化物含量的多少对肥皂的组织结构影响很大，如果氯化物含量过高，会使组织粗松，开裂度增大。

本任务主要是用给定的仪器及试剂来测定肥皂中氯化物的含量，从而判断市场销售的肥皂是否合格。具体内容包括：

①制定实训方案。

②列举实训中的健康与安全、环境保护措施。

③配制指定的实验试剂溶液。

④制备肥皂试样。

⑤测定肥皂中氯化物的含量。

⑥处理数据并撰写工作报告。

⑦实验室组织与管理。

学习目标

知识目标	能力目标	素质目标
1. 说出肥皂的用途与制备方法； 2. 解释滴定条件对测定结果的影响； 3. 说出肥皂中氯化物含量的测定原理和方法； 4. 列举实训中存在的健康与安全、环境保护措施	1. 制定肥皂中氯化物含量的测定实训方案； 2. 配制指定的实验试剂溶液； 3. 展示肥皂试样的处理过程； 4. 展示肥皂中氯化物的含量测定过程； 5. 计算肥皂中氯化物的含量； 6. 评价实训结果，展示工作报告	1. 遵守操作规程，爱惜仪器设备； 2. 营造规范、整洁、有序的工作环境； 3. 独立思考、发现问题、解决问题； 4. 提高安全意识、质量意识和环保意识； 5. 实验室组织与管理（8S 管理）

思政融入点

序号	授课内容	思政融入点
1	组织教学	世界观、人生观、价值观教育
2	安全教育	安全意识培养
3	肥皂的质量指标	职业道德、健康生命教育
4	实验准备	团队合作精神、职业素养、劳动精神
5	肥皂中氯化物含量的检验	规范意识、标准意识、安全意识、责任意识、成本意识、节约意识、环保意识、竞争意识、团队合作精神、劳动精神、工匠精神、榜样的力量、职业素养等
6	实训结束工作	职业素养、劳动精神、环保意识

知识平台

洗涤用品的发展最早始于肥皂，皮肤清洁剂使用量最大的也是各种肥皂和香皂。随着人们生活水平的不断提高，对肥皂的功能要求也越来越高，普通的仅具有清洁功能的肥皂已迅速向护肤、保湿、杀菌等功能化香皂方向发展。

广义来讲，肥皂是指高级脂肪酸或混合脂肪酸的盐类，化学通式为 RCOOM。只有 8 ~ 12 个碳原子的脂肪酸的钾、钠盐——碱性皂，在溶于水后具有一定的润湿、渗透、乳化、分散、起泡、增溶等作用，具有较强的去污力；其他金属（碱土金属、重金属）的脂肪酸盐——金属皂，不溶于水，也不具备去污洗涤能力，主要用作农药的乳化剂、金属润滑剂等。

根据肥皂阳离子的不同，肥皂可分为碱性皂（包括钠皂、钾皂、铵皂、有机碱皂）和金属皂（非碱金属皂）两大类。根据肥皂用途的不同可分为家用皂（包括洗衣皂、香皂、特种皂）和工业用皂（主要指纤维用皂）两大类。

任务实施

★【采用标准】

《肥皂试验方法　肥皂中氯化物含量的测定》（QB/T 2623.6—2022）

●【方法原理】

用酸分解肥皂后，加入过量的 $AgNO_3$ 溶液，使氯化物全部生成 AgCl 沉淀。过滤分离脂肪酸及 AgCl。用硫氰酸铵滴定剩余的 Ag^+，稍过量的硫氰酸铵与 Fe^{3+} 作用生成红色配合物指示终点。根据硫氰酸铵溶液的消耗量，可求出肥皂中氯化物的含量。反应式如下：

滴定前：$Ag^+ + Cl^- = AgCl\downarrow$（白色）

滴定反应：$Ag^+ + SCN^- = AgSCN\downarrow$（白色）

终点指示反应：$Fe^{3+} + SCN^- = [FeSCN]^{2+}$（红色）

▲【仪器试剂】

	仪器和试剂	准备情况
主要仪器	100 mL 移液管 1 支、250 mL 锥形瓶 4 个、洗耳球 1 个、50 mL 棕色聚四氟滴定管 1 支、250 mL 容量瓶 4 个、200 mL 高型烧杯 4 个、沸水浴 1 台、电子天平 1 台	
试剂	肥皂样品、硝酸银标准滴定液（0.1 mol/L）、硫氰酸铵标准滴定溶液（0.1 mol/L）、硫酸铁（Ⅲ）铵、浓硝酸	

◆【任务操作】

1. 配制指定的实验试剂溶液

根据现场提供的试剂，按要求配制 80 g/L 的硫酸铁（Ⅲ）铵指示剂 50 mL。

2. 肥皂中氯化物含量的测定

称取试样约 6 g 于小烧杯中，准确称量至 0.000 1 g，用 50 mL 热水溶解试样。

将此溶液定量转移至 250 mL 容量瓶中，加入浓硝酸 5 mL 及硝酸银标准滴定溶液（0.1 mol/L）25.00 mL。将容量瓶置于沸水浴中，直至脂肪酸完全分离且生成的氯化银已大量聚集。用自来水冷却容量瓶及内容物至室温，并以水稀释至刻度，摇匀。

通过干燥折叠滤纸过滤，弃去最初的 10 mL，然后收集滤液至少 110 mL。用移液管移取滤液 100.00 mL 置于锥形瓶内，加入硫酸铁（Ⅲ）铵溶液（80 g/L）2 ~ 3 mL，在剧烈摇动下，用硫氰酸铵标准滴定溶液（0.1 mol/L）滴定至红棕色，30 s 不褪色为终点。平行测定 3 次，同时做空白试验。

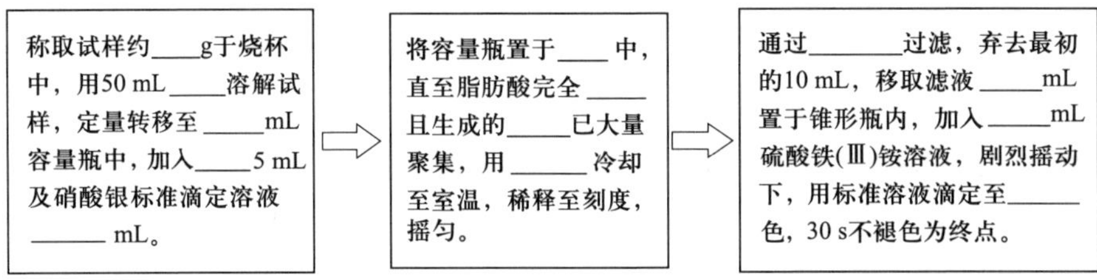

▼【数据记录】

测定项目	1	2	3
称量瓶 + 样重（取样前）/g			
称量瓶 + 样重（取样后）/g			
样重/g			
滴定管初读数/mL			
滴定管终读数/mL			
滴定消耗硫氰酸铵标准溶液体积/mL			
体积校正值/mL			
溶液温度/℃			

续表

测定项目	1	2	3
溶液温度校正值/mL			
实际消耗硫氰酸铵标准滴定溶液的体积/mL			
空白试验消耗硫氰酸铵标准滴定溶液的体积/mL			
硝酸银标准溶液浓度/（mol/L）			
硫氰酸铵标准溶液浓度/（mol/L）			
试样中氯化钠的含量/%			
试样中氯化钠的含量平均值/%			
平行测定结果的相对标准偏差/%			

☯【结果计算】

肥皂中氯化物的质量百分含量，对钠皂而言用氯化钠的质量分数（NaCl%）表示，按下式计算：

$$\text{NaCl\%}=\frac{58.5\times(25.00\cdot c_1-V\cdot c_2)\times10^{-3}}{m}\times100$$

肥皂中氯化物的质量百分含量，对钾皂而言用氯化钾的质量分数（KCl%）表示，按下式计算：

$$\text{KCl\%}=\frac{74.6\times(25.00\cdot c_1-V\cdot c_2)\times10^{-3}}{m}\times100$$

式中　c_1——硝酸银标准溶液的摩尔浓度，mol/L；

c_2——硫氰酸铵标准滴定溶液的摩尔浓度，mol/L；

V——滴定消耗硫氰酸铵标准滴定溶液的体积，mL；

58.5——氯化钠的摩尔质量，g/mol；

74.6——氯化钾的摩尔质量，g/mol；

m——试样的质量，g。

✍【结果评价】

评分内容	评分项	评判类型	评分指标	指标分数描述	配分	得分
实验准备（20分）	个人健康、安全、仪器设备准备、溶液配制	测量	熟悉现场健康、安全和环境保护内容，写出相应措施	若实验操作正式开始前，未在报告纸上撰写相关内容，扣除所有分数；若内容缺项，按要点平均扣分	4	
		测量	全过程个人防护用品穿戴	若未按要求正确穿戴口罩、实验服、护目镜、手套等，扣除所有分数	2	
		测量	全过程无破碎玻璃器皿	如果不满足要求，扣除所有分数	2	
		测量	实验室器具贴标签	对于易混用玻璃器皿，若有一个未贴标签，扣除所有分数	2	

续表

评分内容	评分项	评判类型	评分指标	指标分数描述	配分	得分
实验准备（20分）	个人健康、安全、仪器设备准备、溶液配制	测量	实验全过程干净整洁，无试剂溢出和洒落	如果不满足条件，扣除所有分数（去离子水可有些许洒落，须随手擦干）	2	
		测量	标签识读和试剂选用	如果不能正确识读和选用英文标识，导致药品试剂选择错误，扣除所有分数	2	
		测量	80 g/L的硫酸铁（Ⅲ）铵指示剂的配制	如果物料计算错误或称量错误，或者配制方法不正确，扣除所有分数	3	
		测量	在专用容器中处理废弃物	如果未在专用容器中处理废弃物，扣除所有分数	3	
实验操作（25分）	样品制备、含量测定、文明操作	测量	肥皂样品：称量	如果未按规范操作，每错1次扣除1分，直至扣完为止	3	
		测量	肥皂样品：加酸溶解	如果未按规范操作，每错1次扣除1分，直至扣完为止	3	
		测量	样品分析：滴定操作	如果未按规范操作、读数错误，每错1次扣除1分，直至扣完为止	3	
		测量	样品分析：滴定终点	如果某次颜色不是终点色，扣除1分，直至扣完为止	3	
		测量	样品分析：空白试验	如果未按规范操作，扣除所有分数	3	
		测量	原始数据记录	原始数据记录及时，须用规范纸张记录，规范改正数据，不缺项	3	
		测量	重大操作失误	存在重吸、重测行为，扣除所有分数	3	
		评判	工作场地组织和管理	工作场地混乱，玻璃仪器、试剂用完后未及时归位（未做完实验得0分）	1	
				工作场地有序，玻璃仪器、试剂用完后及时归位，个别仪器未及时归位	2	
				工作场地管理规范有序，所有玻璃仪器、试剂及时归位	3	
				工作场地管理规范有序，所有玻璃仪器、试剂及时归位且使用了其他的高效工作场地管理方法	4	
结果报告（55分）	数据处理、撰写报告	测量	数据处理	如果未进行滴定管体积校正、温度校正，或计算过程及结果不正确，扣除所有分数	5	
		测量	有效数字保留与修约	如果有效数字保留或修约不正确，扣除所有分数	3	
		测量	样品测定的精密度	相对标准偏差≤0.15%，不扣分；0.15%<相对标准偏差≤0.30%，扣3分；0.30%<相对标准偏差≤0.45%，扣6分；0.45%<相对标准偏差≤0.60%，扣9分；相对标准偏差>0.60%，扣12分；未平行测定3次，不得分	12	

续表

评分内容	评分项	评判类型	评分指标	指标分数描述	配分	得分
结果报告（55 分）	数据处理、撰写报告	测量	样品测定的准确度	|相对误差| ≤ 0.15%，不扣分；0.15% < |相对误差| ≤ 0.30%，扣 3 分；0.30% < |相对误差| ≤0.45%，扣 6 分；0.45% < |相对误差| ≤ 0.60%，扣9 分；0.60% < |相对误差| ≤0.75%，扣12 分；|相对误差| > 0.75%，扣 15 分；未平行测定 3 次或精密度未得分，均不得分	15	
		评判	报告编制	报告数据项目不全，结构混乱，无结论	5	
				报告数据项目全面且有结论，工作流程不连贯，结构不完整	10	
				报告数据全面且有正确结论，结构完整，且工作流程清晰	15	
				报告数据全面且有正确结论，结构完整，工作流程清晰，且包含科学的论据和创新内容	20	
合计					100	

想一想 练一练

1. 肥皂的理化指标中为什么要检测氯化物含量？

2. 肥皂如何分类？

3. 以上检验方法适用于什么类型的肥皂产品检测？

知识拓展

1. 本方法适用于肥皂中氯化物含量（以 NaCl 计）等于或大于 0.1% 的产品。

2. 在平行测定条件下，获得的两次独立测定结果的绝对差值不大于 0.05%，以大于 0.05% 的情况不超过 5% 为前提。

对接世赛

1. 请结合本次实训，说明哪些健康与安全措施是必要的。

2. 请结合本次实训，说明需要哪些环境保护措施。

3. 撰写报告：请完成一份报告，内容包括实验过程中必须做好的健康、安全、环境保护措施，实验中的物料计算和过程记录、数据处理、结果的评价和问题分析。

4. 查阅相关专业英语资料，写出该任务实训中涉及的玻璃仪器、设备、化学试剂等的专业英语。

任务三　生理盐水中氯化钠含量的测定

任务书

药监局抽查小诊所一批生理盐水，作为质检员，现需要你负责检测其氯化钠含量，请你利用沉淀滴定法测定其含量，出具检验结果报告单。

任务分析

生理盐水，又称为无菌生理盐水，是指生理学实验或临床上常用的渗透压与动物或人体血浆的渗透压基本相等的氯化钠溶液。

浓度：用于两栖类动物时是 0.67% ~ 0.70%，用于哺乳类动物和人体时是 0.85% ~ 0.9%。人们平常输液用的氯化钠注射液浓度是 0.9%，可以当成生理盐水来使用。其渗透压与人体血液近似，钠的含量也与血浆相近，但氯离子的含量却明显高于血浆内氯离子的含量，因此生理盐水只是相对合乎生理，其用途为供给电解质和维持体液的张力。生理盐水也可外用，如清洁伤口或换药时使用。

本任务主要是用给定的仪器及试剂测定生理盐水中氯化钠的含量，从而判断市面流通的生理盐水是否合格。具体内容包括：

①制定实训方案。

②列举实训中的健康与安全、环境保护措施。

③配制指定的实验试剂溶液。

④制备生理盐水试样。

⑤测定生理盐水中氯化钠的含量。

⑥处理数据并撰写工作报告。

⑦实验室组织与管理。

学习目标

知识目标	能力目标	素质目标
1. 说出生理盐水的用途与制备流程； 2. 解释滴定条件对测定结果的影响； 3. 说出生理盐水中氯化钠含量的测定原理和方法； 4. 列举实训中存在的健康与安全、环境保护措施	1. 制定生理盐水中氯化钠含量的测定实训方案； 2. 配制指定的实验试剂溶液； 3. 展示生理盐水试样的处理过程； 4. 展示生理盐水中氯化钠含量的测定过程； 5. 计算生理盐水中氯化钠的含量； 6. 评价实训结果，展示工作报告	1. 遵守操作规程，爱惜仪器设备； 2. 营造规范、整洁、有序的工作环境； 3. 独立思考、发现问题、解决问题； 4. 提高安全意识、质量意识和环保意识； 5. 实验室组织与管理（8S 管理）

思政融入点

序号	授课内容	思政融入点
1	组织教学	世界观、人生观、价值观教育
2	安全教育	安全意识培养
3	生理盐水的质量指标	职业道德、健康生命教育
4	实验准备	团队合作精神、职业素养、劳动精神
5	生理盐水中氯化钠含量的检验	规范意识、标准意识、安全意识、责任意识、成本意识、节约意识、环保意识、竞争意识、团队合作精神、劳动精神、工匠精神、榜样的力量、职业素养等
6	实训结束工作	职业素养、劳动精神、环保意识

知识平台

生理盐水主要的功效与作用是：可以溶解药物，也可以口服补液，此外还能够冲洗伤口、消炎杀菌。

1. 溶解药物

生理盐水作为溶剂能够溶解一些药物，使用抗生素，尤其是在注射抗生素时，需要配合使用生理盐水，比如，输液治疗中绝大部分抗生素都是用生理盐水来溶解的。

2. 口服补液

在日常生活中，如果出现严重呕吐以及腹泻症状导致体内的电解质紊乱，要通过口服生理盐水的方式补液，以减轻电解质紊乱的症状，这主要是由于生理盐水中有一定量的钠离子以及氯离子，可用于补充体内的液体，维持电解质平衡。

3. 冲洗伤口、消炎杀菌

在皮肤受到损伤之后，或者挫伤时皮肤有破溃，用生理盐水清洗，能够起到一定的消炎和杀菌的效果，可避免皮肤出现感染症状。

任务实施

★【采用标准】

《中华人民共和国药典》（2020 年版）

●【方法原理】

在医药领域氯化钠常被制成生理氯化钠溶液（生理盐水）、氯化钠注射剂，主要用于体内电解质的补充，它分布在细胞外液中，对维持体液的渗透压和调节水分起着重要作用。

铬酸钾指示剂法、铁铵矾指示剂法和吸附指示剂法都可以测定无机卤化物的含量，测定样品的方法与标准溶液的标定方法最好相同，以消除方法误差，因此，本项目中硝酸银标准滴定液的标定和生理盐水中氯化钠的含量测定都采用法扬司法。

由于沉淀对离子吸附的选择性，在化学计量点前后吸附的离子不同，引起带电性不同，因而可根据在化学计量点前后对指示剂离子的吸附与否而产生的颜色变化来确定终点。

例如，用硝酸银标准滴定液滴定 Cl^-，用荧光黄（HFIn）作指示剂，其原理可表示为：

滴定反应前：$HFIn \rightleftharpoons H^+ + FIn^-$（黄绿色）

滴定反应时：$Ag^+ + Cl^- \longrightarrow AgCl\downarrow$

$$AgCl\downarrow \xrightarrow{\text{吸附 } Cl^-} (AgCl)Cl^- | H^+ + FIn^- \text{（黄绿色）}$$

终点指示反应：$AgCl\downarrow \xrightarrow{\text{吸附} Ag^+} (AgCl)Ag^+ | FIn^-$（粉红色）$+ H^+$

指示剂：荧光黄指示剂

计量关系：n（NaCl）$= n$（$AgNO_3$）

▲【仪器试剂】

仪器和试剂		准备情况
主要仪器	10 mL 吸量管 1 支、250 mL 锥形瓶 4 个、洗耳球 1 个、50 mL 棕色聚四氟滴定管 1 支、100 mL 烧杯	
试剂	生理盐水样品、硝酸银标准滴定液（0.1 mol/L）、荧光黄指示剂（0.1 g/100 mL）、糊精、硼砂溶液（2.5%）	

◆【任务操作】

1. 配制指定的实验试剂溶液

根据现场提供的试剂，按要求配制 2% 的糊精溶液 50 mL。

2. 生理盐水中氯化钠含量的测定

准确移取生理盐水样品 10.00 mL，依次加水 40 mL、2% 糊精溶液 5 mL、2.5% 硼砂溶液 2 mL、荧光黄指示液 5 ~ 8 滴，用硝酸银标准滴定液（0.1 mol/L）滴定至黄绿色变为红色，即为终点。平行测定 3 次。

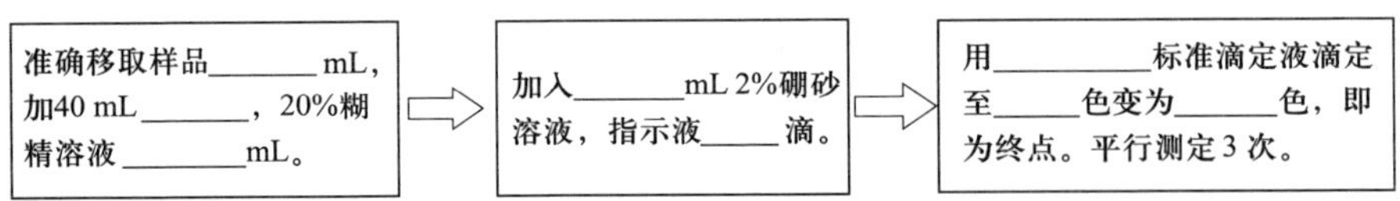

▼【数据记录】

测定项目	1	2	3
移取生理盐水样品体积/mL			
滴定管初读数/mL			
滴定管终读数/mL			
滴定消耗硝酸银标准滴定液体积/mL			
体积校正值/mL			

续表

测定项目	1	2	3
溶液温度/℃			
溶液温度校正值/mL			
实际消耗硝酸银标准溶液的体积/mL			
硝酸银标准溶液浓度/（mol/L）			
试样中氯化钠的质量浓度/（g/mL）			
试样中氯化钠的质量浓度平均值/（g/mL）			
平行测定结果的相对平均偏差/%			

【结果计算】

$$\rho(\mathrm{NaCl}) = \frac{c \cdot V \times 58.5}{V_{样} \times 1\ 000}$$

式中　ρ（NaCl）——氯化钠溶液的质量浓度，g/mL；

c——硝酸银标准滴定液的浓度，mol/L；

V——滴定消耗硝酸银标准滴定液的体积，mL；

$V_{样}$——移取生理盐水样品体积，mL；

58.5——氯化钠的摩尔质量，g/mol。

【结果评价】

评分内容	评分项	评判类型	评分指标	指标分数描述	配分	得分
实验准备（20分）	个人健康、安全、仪器设备准备、溶液配制	测量	熟悉现场健康、安全和环境保护内容，写出相应措施	若实验操作正式开始前，未在报告纸上撰写相关内容，扣除所有分数；若内容缺项，按要点平均扣分	4	
		测量	全过程个人防护用品穿戴	若未按要求正确穿戴口罩、实验服、护目镜、手套等，扣除所有分数	2	
		测量	全过程无破碎玻璃器皿	如果不满足要求，扣除所有分数	2	
		测量	实验室器具贴标签	对于易混用玻璃器皿，若有一个未贴标签，扣除所有分数	2	
		测量	实验全过程干净整洁，无试剂溢出和洒落	如果不满足条件，扣除所有分数（去离子水可有些许洒落，须随手擦干）	2	
		测量	标签识读和试剂选用	如果不能正确识读和选用英文标识，导致药品试剂选择错误，扣除所有分数	2	
		测量	2%的糊精溶液的配制	如果物料计算错误或称量错误，或者配制方法不正确，扣除所有分数	3	
		测量	在专用容器中处理废弃物	如果未在专用容器中处理废弃物，扣除所有分数	3	

续表

评分内容	评分项	评判类型	评分指标	指标分数描述	配分	得分
实验操作（25分）	样品制备、含量测定、文明操作	测量	生理盐水样品：移取	如果未按规范操作，每错1次扣除1分，直至扣完为止	3	
		测量	加入糊精，以防卤化银凝聚	如果未按规范操作，每错1次扣除1分，直至扣完为止	3	
		测量	样品分析：滴定操作	如果未按规范操作、读数错误，每错1次扣除1分，直至扣完为止	3	
		测量	样品分析：滴定终点	如果某次颜色不是终点色，扣除1分，直至扣完为止	3	
		测量	样品分析：空白试验	如果未按规范操作，扣除所有分数	3	
		测量	原始数据记录	原始数据记录及时，须用规范纸张记录，规范改正数据，不缺项	3	
		测量	重大操作失误	存在重吸、重测行为，扣除所有分数	3	
		评判	工作场地组织和管理	工作场地混乱，玻璃仪器、试剂用完后未及时归位（未做完实验得0分）	1	
				工作场地有序，玻璃仪器、试剂用完后及时归位，个别仪器未及时归位	2	
				工作场地管理规范有序，所有玻璃仪器、试剂及时归位	3	
				工作场地管理规范有序，所有玻璃仪器、试剂及时归位且使用了其他的高效工作场地管理方法	4	
结果报告（55分）	数据处理、撰写报告	测量	数据处理	如果未进行滴定管体积校正、温度校正，或计算过程及结果不正确，扣除该项的所有分数	5	
		测量	有效数字保留与修约	如果有效数字保留或修约不正确，扣除所有分数	3	
		测量	样品测定的精密度	相对平均偏差≤0.15%，不扣分；0.15%<相对平均偏差≤0.30%，扣3分；0.30%<相对平均偏差≤0.45%，扣6分；0.45%<相对平均偏差≤0.60%，扣9分；相对平均偏差>0.60%，扣12分；未平行测定3次，不得分	12	
		测量	样品测定的准确度	|相对误差|≤0.15%，不扣分；0.15%<|相对误差|≤0.30%，扣3分；0.30%<|相对误差|≤0.45%，扣6分；0.45%<|相对误差|≤0.60%，扣9分；0.60%<|相对误差|≤0.75%，扣12分；|相对误差|>0.75%，扣15分；未平行测定3次或精密度未得分，均不得分	15	

续表

评分内容	评分项	评判类型	评分指标	指标分数描述	配分	得分
结果报告（55分）	数据处理、撰写报告	评判	报告编制	报告数据项目不全，结构混乱，无结论	5	
				报告数据项目全面且有结论，工作流程不连贯，结构不完整	10	
				报告数据全面且有正确结论，结构完整，且工作流程清晰	15	
				报告数据全面且有正确结论，结构完整，工作流程清晰，且包含科学的论据和创新内容	20	
合计					100	

想一想 练一练

1. 用法扬司法测定氯化钠的含量时，加糊精的作用是什么？
2. 硝酸银标准滴定液为什么需存放于棕色试剂瓶中？
3. 吸附指示剂的作用原理是什么？

知识拓展

1. 使用荧光黄指示剂测定 Cl^- 时，其酸度只能在 pH = 7 ~ 10 之间进行。
2. 为避免氯化银沉淀的凝聚，加入糊精作胶体保护剂。
3. 滴定过程中，因沉淀会吸附被测离子，故操作时要充分振摇，以减少误差。

对接世赛

1. 请结合本次实训，说明哪些健康与安全措施是必要的。
2. 请结合本次实训，说明需要哪些环境保护措施。
3. 撰写报告：请完成一份报告，内容包括实验过程中必须做好的健康、安全、环境保护措施，实验中的物料计算和过程记录、数据处理、结果的评价和问题分析。
4. 查阅相关专业英语资料，写出该任务实训中涉及的玻璃仪器、设备、化学试剂等的专业英语。

考核任务　工业烧碱中氯化钠含量的测定

一、健康与安全

请说明哪些健康与安全措施是必要的，按要求执行。

二、环境保护

请说明是否需要采取环境保护措施。

三、原理

在 pH≈7 的中性溶液中，氯化物与硝酸银反应生成氯化银沉淀，过量的硝酸银与铬酸钾作用，生成铬酸银沉淀，使溶液显橙色，即为反应终点（试样中如氯化物含量高，则应对试样溶液进行稀释）。

滴定反应：$Ag^+ + Cl^- \xlongequal{} AgCl\downarrow$（白色）

终点指示反应：$2Ag^+ + CrO_4^{2-} \xlongequal{} Ag_2CrO_4\downarrow$（砖红色）

计量关系：$n(Ag^+) = n(Cl^-)$

四、考核目标

1. 氢氧化钠溶液（0.1 mol/L）的配制。
2. 氯化钠含量的测定。
3. 报告。

五、设备、 试剂与溶液

分析天平（精确到0.01 g）、电炉、其他实验辅助设备	滴定管、锥形瓶、量筒、容量瓶、移液管、滴管、洗瓶、洗耳球	0.1 mol/L 硝酸银标准溶液、待测的烧碱溶液、1 mol/L硝酸溶液、50 g/L 铬酸钾指示剂、氢氧化钠固体、中性红－次甲基蓝、去离子水

六、实验

1. 氢氧化钠溶液（0.1 mol/L）的配制

用称量瓶迅速称取固体氢氧化钠约 1 g（精确至 0.01 g），用不含二氧化碳的蒸馏水溶解。冷却至室温，稀释至 250 mL，摇匀。

2. 氯化钠含量的测定

用移液管移取25.00 mL待测的烧碱溶液置于250 mL锥形瓶中，加25 mL蒸馏水后，滴加1滴中性红－次甲基蓝及1 mL 1 mol/L硝酸溶液至紫色，再过量2～3滴。加热煮沸2 min，以排出二氧化碳，用流动水冷却，加0.1 mol/L的氢氧化钠溶液至溶液呈绿色。加1 mL 50 g/L铬酸钾指示剂，用硝酸银标准滴定液滴定至微红色即为终点。

平行测定3次，同时做空白试验。计算工业烧碱中氯化钠的含量，用相对平均偏差表示测定结果的精密度。

3. 计算

氯化钠含量以质量浓度计，按下式计算：

$$\rho(\mathrm{NaCl})=\frac{c\cdot(V-V_0)\times10^{-3}\times58.5}{V_{样}}$$

式中 $\rho(\mathrm{NaCl})$——氯化钠含量的质量分数，g/mL；

V——滴定消耗硝酸银标准滴定液的体积，mL；

V_0——空白试验滴定消耗硝酸银标准滴定液的体积，mL；

c——硝酸银标准滴定液的浓度，mol/L；

58.5——氯化钠的摩尔质量，g/mol；

$V_{样}$——移取烧碱样品溶液的体积，mL。

对接世赛

1. 请结合本次实训，说明哪些健康与安全措施是必要的。

2. 请结合本次实训，说明需要哪些环境保护措施。

3. 撰写报告：请完成一份报告，内容包括实验过程中必须做好的健康、安全、环境保护措施，实验中的物料计算和过程记录、数据处理、结果的评价和问题分析。

4. 查阅相关专业英语资料，写出该任务实训中涉及的玻璃仪器、设备、化学试剂等的专业英语。

✍【**结果评价**】

评分内容	评分项	评判类型	评分指标	指标分数描述	配分	得分
实验准备（20分）	个人健康、安全、仪器设备准备、溶液配制	测量	熟悉现场健康、安全和环境保护内容，写出相应措施	若实验操作正式开始前，未在报告纸上撰写相关内容，扣除所有分数；若内容缺项，按要点平均扣分	4	
		测量	全过程个人防护用品穿戴	若未按要求正确穿戴口罩、实验服、护目镜、手套等，扣除所有分数	2	
		测量	全过程无破碎玻璃器皿	如果不满足要求，扣除所有分数	2	
		测量	实验室器具贴标签	对于易混用玻璃器皿，若有一个未贴标签，扣除所有分数	2	

续表

评分内容	评分项	评判类型	评分指标	指标分数描述	配分	得分
实验准备（20分）	个人健康、安全、仪器设备准备、溶液配制	测量	实验全过程干净整洁，无试剂溢出和洒落	如果不满足条件，扣除所有分数（去离子水可有些许洒落，须随手擦干）	2	
		测量	标签识读和试剂选用	如果不能正确识读和选用英文标识，导致药品试剂选择错误，扣除所有分数	2	
		测量	氢氧化钠溶液（0.1 mol/L）的配制	如果未按要求操作，扣除所有分数	3	
		测量	在专用容器中处理废弃物	如果未在专用容器中处理废弃物，扣除所有分数	3	
实验操作（27分）	样品制备、含量测定、文明操作	测量	烧碱样品溶液的制备	如果未按规范操作，扣除所有分数	4	
		测量	样品的测定操作	如果未按规范操作、读数错误，每错1次扣除2分，直至扣完为止	6	
		测量	样品的测定终点	如果某次颜色不是终点色，扣除1分，直至扣完为止	5	
		测量	原始数据记录	原始数据记录及时，须用规范纸张记录，规范改正数据，不缺项	4	
		测量	重大操作失误	存在重称、重移、重测行为，扣除所有分数	4	
		评判	工作场地组织和管理	工作场地混乱，玻璃仪器、试剂用完后未及时归位（未做完实验得0分）	1	
				工作场地有序，玻璃仪器、试剂用完后及时归位，个别仪器未及时归位	2	
				工作场地管理规范有序，所有玻璃仪器、试剂及时归位	3	
				工作场地管理规范有序，所有玻璃仪器、试剂及时归位且使用了其他的高效工作场地管理方法	4	
结果报告（53分）	数据处理、撰写报告	测量	数据处理	计算过程及结果不正确，扣除所有分数	5	
		测量	有效数字保留与修约	如果有效数字保留或修约不正确，扣除所有分数	4	
		测量	样品测定的精密度	相对平均偏差≤0.15%，不扣分；0.15%＜相对平均偏差≤0.30%，扣3分；0.30%＜相对平均偏差≤0.45%，扣6分；0.45%＜相对平均偏差≤0.60%，扣9分；相对平均偏差＞0.60%，扣12分；未平行测定3次，不得分	12	
		测量	样品测定的准确度	|相对误差| ≤0.15%，不扣分；0.15%＜|相对误差|≤0.30%，扣3分；0.30%＜|相对误差|≤0.45%，扣6分；0.45%＜|相对误差|≤0.60%，扣9分；|相对误差|＞0.60%，扣12分；未平行测定3次或精密度未得分，均不得分	12	

续表

评分内容	评分项	评判类型	评分指标	指标分数描述	配分	得分
结果报告（53 分）	数据处理、撰写报告	评判	报告编制	报告数据项目不全，结构混乱，无结论	5	
				报告数据项目全面且有结论，工作流程不连贯，结构不完整	10	
				报告数据全面且有正确结论，结构完整，且工作流程清晰	15	
				报告数据全面且有正确结论，结构完整，工作流程清晰，且包含科学的论据和创新内容	20	
合计					100	

模块二

仪器分析操作技能实训

项目五

电化学分析法操作技能实训

项目描述

电化学分析法可用于环境保护、医药生产和日常生活，如工业污水中混合碱的含量测定、硫酸亚铁铵中硫酸亚铁的含量测定、酱油中氨基酸态氮的含量测定、城市生活污水中氯离子的含量测定等。

电位滴定法是指用一个指示电极和一个参比电极（或者复合电极）与试液组成电池测量原电池的电动势为基础，根据电动势与溶液中某种离子的浓度之间的定量关系来测定待测物质浓度的一种电化学分析法。最常用的仪器设备为一组电极（一个指示电极和一个参比电极）、电位计、磁力搅拌器。

电位滴定法可直接用于有色和混浊溶液的滴定。在酸碱滴定中，它可以滴定不适于用指示剂的弱酸。在沉淀滴定和氧化还原滴定中，因缺少指示剂，其应用更为广泛。工业污水尤其是制碱工业污水中混合碱含量的测定，利用电位滴定法可以快速测定出碱的成分和含量。酱油可以通过测定氨基酸羧基的酸度来测定其中氨基酸态氮的含量，加入甲醛与氨基结合，固定氨基的碱性，使羧基显示出酸性，用氢氧化钠标准溶液滴定后进行定量，用酸度计测定终点。城市生活污水中氯离子含量，可用硝酸银标准溶液利用电位滴定法测定。

本项目通过操作技能训练，使学生能够理解电极和电位滴定的基本知识，会配制及标定标准滴定溶液，了解工业污水中混合碱含量的测定、硫酸亚铁铵中硫酸亚铁含量的测定、酱油中氨基酸态氮含量的测定、城市生活污水中 Cl^- 含量的测定等相关知识，会利用二阶微商法确定滴定终点，会进行相关的操作和计算，会对检测结果作出评价并出具检验报告。

任务一　工业污水中混合碱含量的测定

任务书

本市污水处理企业要处理一批制碱工业污水。请利用电位滴定法测定该污水中混合碱的成分及含量，出具检验结果报告单。

任务分析

工业生产过程中产生的废水、废液是工业污水的主要来源，包括生产过程中产生的污染物以及随水流失的中间产物、副产品、生产用料等。工业污水直接排放对人类健康有很大危害，可通过测定其中污染物的成分和浓度，并采取相应的净化措施后再排放。混合碱含量是工业污水的重要指标。

本任务要求用给定的仪器、设备，药品、试剂测定工业污水中混合碱的成分及含量。内容包括制定工业污水中混合碱含量测定实训方案、工业污水中混合碱含量测定、撰写并上交工作报告、实验室组织与管理等。具体内容包括：

①制定实训方案。

②列举实训中的健康与安全、环境保护措施。

③配制指定的实验试剂溶液。

④制备工业废水试样。

⑤测定工业废水中混合碱的含量。

⑥处理数据并撰写工作报告。

⑦实验室组织与管理。

学习目标

知识目标	能力目标	素质目标
1. 列举工业污水中碱性物质对水质的影响； 2. 讲述工业污水中混合碱的来源及治理方法； 3. 讲述电位滴定仪的主要结构及其各部件的作用； 4. 解释电位滴定法中二级微商法处理数据的方法和原理； 5. 说出工业污水中混合碱的测定原理和方法； 6. 列举实训中存在的健康与安全、环境保护措施	1. 示范电位滴定仪的调试和使用； 2. 制定工业污水中混合碱含量的测定实训方案； 3. 配制指定的实验试剂溶液； 4. 展示工业污水试样的处理过程； 5. 展示工业污水中混合碱含量的测定过程； 6. 计算工业污水中混合碱的含量； 7. 评价实训结果，展示工作报告	1. 遵守操作规程，爱惜仪器设备； 2. 营造规范、整洁、有序的工作环境； 3. 独立思考、发现问题、解决问题； 4. 提高安全意识、质量意识和环保意识； 5. 实验室组织与管理（8S 管理）

思政融入点

序号	授课内容	思政融入点
1	学生签到	世界观、人生观、价值观教育
2	工业污水的成分	专业教育、崇尚科学
3	工业污水的处理方法	实事求是、一丝不苟、尊重科学

续表

序号	授课内容	思政融入点
4	工业污水的危害	职业道德、社会担当、社会责任
5	工业污水的混合碱检验	规范意识、标准意识、安全意识、责任意识、成本意识、节约意识、环保意识、竞争意识、团队合作精神、劳动精神、工匠精神、榜样的力量、职业素养等
6	实训结束工作	职业素养、劳动精神、环保意识

知识平台

工业污水是指工业生产过程中产生的废水和废液。随着工业的发展，污水的种类和数量迅猛增加，对水体的污染也日趋广泛和严重，威胁人类的健康和安全。因此，从保护环境的角度看，工业污水的处理比城市污水的处理更为重要。

按工业污水中所含主要污染物的化学性质分类，含无机污染物为主的为无机污水，含有机污染物为主的为有机污水。例如，电镀废水和矿物加工过程的污水是无机污水，食品或石油加工过程的污水是有机污水，印染行业生产过程的污水是混合污水。

按工业企业的产品和加工对象分类，可分为冶金污水、造纸污水、炼焦煤气污水、金属酸洗污水、化学肥料污水、纺织印染污水、染料污水、制革污水、农药污水、电站污水等。

按污水中所含污染物的主要成分分类，可分为酸性污水、碱性污水、含氰污水、含铬污水、含镉污水、含汞污水、含酚污水、含醛污水、含油污水、含硫污水、含有机磷污水和放射性污水等。

工业生产中产生的污水通常含有多种有毒有害物质，如果不妥善处理直接排放到环境中，超过环境自净能力就会污染环境，破坏生态平衡和自然资源，影响工农业生产和人类健康。

任务实施

★【采用标准】

《化学试剂　标准滴定溶液的制备》（GB/T 601—2016）、《化学试剂　电位滴定法通则》（GB/T 9725—2007）

●【方法原理】

工业污水中混合碱主要有 Na_2CO_3、$NaHCO_3$、NaOH 等。其混合的形式可能为：Na_2CO_3 + $NaHCO_3$、Na_2CO_3 + NaOH、Na_2CO_3。利用氯化氢标准溶液滴定混合碱，饱和甘汞电极为参比电极，玻璃电极为指示电极测定电位。随着酸的加入和反应的进行，溶液的 pH 值发生变化，导致溶液的电位变化，通过在等量点附近发生的电位突跃，可确定滴定终点。根据两次滴定突跃对应消耗的氯化氢标准溶液 V_1 和 V_2 大小，确定工业污水样品中混合碱的成分。依据氯化氢标准溶液的浓度和用量计算出工业污水中混合碱的含量。

第一个滴定突跃对应的化学反应：

化学计量点：pH = 8 ~ 10

$$HCl + NaOH \longequal NaCl + H_2O \qquad HCl + Na_2CO_3 \longequal NaCl + NaHCO_3$$

第二个滴定突跃对应的化学反应：

化学计量点：pH = 4.0

$$HCl + NaHCO_3 \longequal NaCl + H_2O + CO_2 \uparrow$$

▲【仪器试剂】

	仪器和试剂	准备情况
主要仪器	25.00 mL 移液管 1 支、洗耳球 1 个、50 mL 聚四氟滴定管 1 支、250 mL 锥形瓶 4 个、玻璃电极 1 支、饱和甘汞电极 1 支、250 mL 烧杯 1 个、酸度计 1 台、磁力搅拌器 1 台	
试剂	酚酞、工业污水样品、0.1 mol/L 氯化氢标准溶液	

◆【任务操作】

1. 配制指定的实验试剂溶液

根据现场提供的试剂，按要求配制 1% 的酚酞指示剂 30 mL。

2. 工业污水中混合碱的测定

用移液管移取 25.00 mL 工业污水试样置于锥形瓶中，以饱和甘汞电极为参比电极，以玻璃电极为指示电极，开动磁力搅拌器，用已标定好的氯化氢标准溶液滴定。从滴定管中滴入约为所需滴定体积 90% 的标准滴定溶液，测量溶液的电位值。以后每滴加 1 mL 或适量标准滴定溶液测量一次电位值，化学计量点前后，应每滴加 0.10 mL 标准滴定溶液测量一次，继续滴定至电位值变化不大为止。记录每次滴加标准滴定溶液后滴定管读数及测得的电位值，用二级微商法确定滴定终点。记录氯化氢标准溶液的用量，计算工业污水试样中的混合碱含量。平行测定 3 份，用相对极差表示测定结果的精密度。

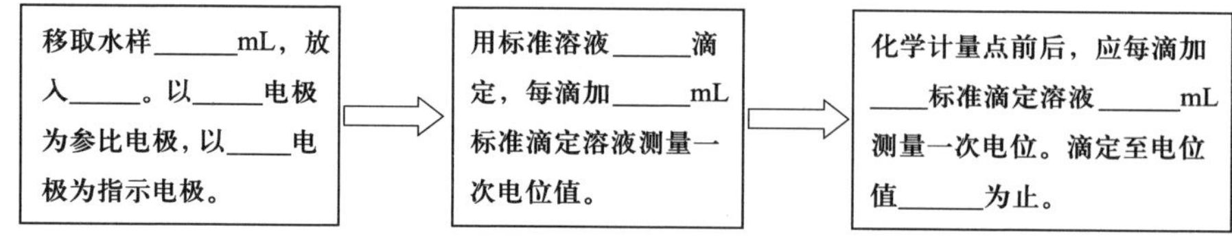

▼【数据记录】

V/mL	ΔE/mv	ΔV/mL	一级微商（$\Delta E/\Delta V$）	二级微商

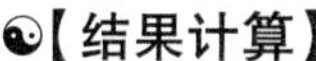【结果计算】

$$c(\mathrm{NaOH}) = \frac{(2V_1 - V_2) \times c(\mathrm{HCl})}{V}$$

$$c(\mathrm{Na_2CO_3}) = \frac{(V_2 - V_1) \times c(\mathrm{HCl})}{V}$$

式中　c（NaOH）——工业污水试样中 NaOH 浓度，mol/L；

c（Na_2CO_3）——工业污水试样中 Na_2CO_3浓度，mol/L；

c（HCl）——HCl 标准溶液的浓度，mol/L；

V_1——第一个滴定突跃 HCl 标准溶液的用量，mL；

V_2——第二个滴定突跃 HCl 标准溶液的用量，mL；

V——工业污水试样的体积，mL。

✍【结果评价】

评分内容	评分项	评判类型	评分指标	指标分数描述	配分	得分
实验准备（20 分）	个人健康、安全、仪器设备准备、溶液配制	测量	熟悉现场健康、安全、环境保护内容，写出相应措施	若实验操作正式开始前，未在报告纸上撰写相关内容，扣除所有分数；若内容缺项，按要点平均扣分	4	
		测量	全程个人防护用品穿戴	若未按要求正确穿戴口罩、实验服、护目镜、手套等，扣除所有分数	2	
		测量	全过程无破碎玻璃器皿	如果不满足要求，扣除所有分数	2	
		测量	实验室器具贴标签	对于易混用玻璃器皿，若有一个未贴标签，扣除所有分数	2	
		测量	实验全过程干净整洁，无试剂溢出和洒落	如果不满足条件，扣除所有分数（去离子水可有些许洒落，须随手擦干）	2	
		测量	标签识读和试剂选用	如果不能正确识读和选用英文标识，导致药品试剂选择错误，扣除所有分数	2	
		测量	1% 酚酞指示剂的配制	如果物料计算错误或称量错误，或者未用乙醇溶解和稀释，扣除所有分数	3	
		测量	在专用容器中处理废弃物	如果未在专用容器中处理废弃物，扣除所有分数	3	
实验操作（25 分）	样品制备、含量测定、文明操作	测量	工业污水试液：移取	如果未按规范操作，每错 1 次扣除 1 分，直至扣完为止	3	
		测量	样品分析：电极清洗	如果未按规范操作，每错 1 次扣除 1 分，直至扣完为止	3	
		测量	样品分析：酸度计校准	如果未按规范操作，每错 1 次扣除 1 分，直至扣完为止	3	
		测量	样品分析：滴定操作	如果未按规范操作、读数错误，每错 1 次扣除 1 分，直至扣完为止	3	

续表

评分内容	评分项	评判类型	评分指标	指标分数描述	配分	得分
实验操作（25 分）	样品制备、含量测定、文明操作	测量	样品分析：滴定终点	如果近化学计量点滴定液量控制不当，扣除 1 分，直至扣完为止	3	
		测量	原始数据记录	原始数据记录及时，须用规范纸张记录，规范改正数据，不缺项	3	
		测量	重大操作失误	存在重吸、重测行为，扣除所有分数	3	
		评判	工作场地组织和管理	工作场地混乱，玻璃仪器、试剂用完后未及时归位（未做完实验得 0 分）	1	
				工作场地有序，玻璃仪器、试剂用完后及时归位，个别仪器未及时归位	2	
				工作场地管理规范有序，所有玻璃仪器、试剂及时归位	3	
				工作场地管理规范有序，所有玻璃仪器、试剂及时归位且使用了其他的高效工作场地管理方法	4	
结果报告（55 分）	数据处理、撰写报告	测量	数据处理	如果未进行滴定管体积校正、温度校正，或计算过程及结果不正确，扣除所有分数	5	
		测量	有效数字保留与修约	如果有效数字保留或修约不正确，扣除所有分数	3	
		测量	样品测定的精密度	相对极差≤0.15%，不扣分；0.15% < 相对极差≤0.30%，扣 3 分；0.30% < 相对极差≤0.45%，扣 6 分；0.45% < 相对极差≤0.60%，扣 9 分；相对极差 > 0.60%，扣 12 分；未平行测定 3 次，不得分	12	
		测量	样品测定的准确度	|相对误差| ≤ 0.15%，不扣分；0.15% < |相对误差| ≤ 0.30%，扣 3 分；0.30% < |相对误差| ≤0.45%，扣 6 分；0.45% < |相对误差| ≤0.60%，扣 9 分；0.60% < |相对误差| ≤0.75%，扣 12 分；|相对误差| > 0.75%，扣 15 分；未平行测定 3 次或精密度未得分，均不得分	15	
		评判	报告编制	报告数据项目不全，结构混乱，无结论	5	
				报告数据项目全面且有结论，工作流程不连贯，结构不完整	10	
				报告数据全面且有正确结论，结构完整，且工作流程清晰	15	
				报告数据全面且有正确结论，结构完整，工作流程清晰，且包含科学的论据和创新内容	20	
合计					100	

想一想 练一练

1. 什么是混合碱？工业污水中混合碱的存在形式有哪些？
2. 酸碱滴定法与电位滴定法测定混合碱，滴定过程中有哪些不同点？
3. 用电位滴定法测定混合碱含量的依据是什么？
4. 电位滴定法测定混合碱含量时如何判断滴定终点？

知识拓展

1. 工业污水在取样时要注意试样具有代表性。
2. 电极在使用前要会使用正确的方法进行保养。
3. 正式滴定前应能正确地预滴定。
4. 数据处理时应注意最终结果的表示方式为 mol/L。

对接世赛

1. 请结合本次实训，说明哪些健康与安全措施是必要的。
2. 请结合本次实训，说明需要哪些环境保护措施。
3. 撰写报告：请完成一份报告，内容包括实验过程中必须做好的健康、安全、环境保护措施，实验中的物料计算和过程记录、数据处理、结果的评价和问题分析。
4. 查阅相关专业英语资料，写出该任务实训中涉及的玻璃仪器、设备、化学试剂等的专业英语。

任务二　硫酸亚铁铵中硫酸亚铁含量的测定

任务书

本市城市生活污水处理企业采购一批用作净水剂的硫酸亚铁铵。请利用电位滴定法测定试剂中硫酸亚铁含量，出具检验结果报告单。

任务分析

硫酸亚铁铵是一种重要的化工原料，用途十分广泛，可作净水剂。在无机化学工业中可用于制造氧化铁系颜料、磁性材料、黄血盐和其他铁盐等，印染工业中可用作媒染剂，制革工业中用于鞣革，木材工业中用作防腐剂等。硫酸亚铁铵作为净水剂在使用前需要测定硫酸亚铁的含量，结合城市生活污水中污染物的含量确定净化工艺。

本任务主要是用给定的仪器、设备和药品、试剂来测定硫酸亚铁铵中硫酸亚铁的含量，根据测定结果确定城市生活污水净化工艺。具体内容包括：

①制定实训方案。

②列举实训中的健康与安全、环境保护措施。

③配制指定的实验试剂溶液。

④制备硫酸亚铁铵试样。

⑤测定硫酸亚铁铵中硫酸亚铁的含量。

⑥处理数据并撰写工作报告。

⑦实验室组织与管理。

学习目标

知识目标	能力目标	素质目标
1. 了解硫酸亚铁铵的性质； 2. 讲述硫酸亚铁铵中亚铁离子的稳定性及硫酸亚铁铵的用途； 3. 说出硫酸亚铁铵中硫酸亚铁含量的测定原理和方法； 4. 解释电位滴定曲线和确定滴定终点的方法； 5. 列举实训中存在的健康与安全、环境保护措施	1. 制定硫酸亚铁铵中硫酸亚铁含量的测定实训方案； 2. 示范电位滴定仪的调试和使用； 3. 配制指定的实验试剂溶液； 4. 处理硫酸亚铁铵试样； 5. 测定硫酸亚铁铵中硫酸亚铁含量； 6. 计算硫酸亚铁铵中硫酸亚铁的含量； 7. 评价实训结果，展示工作报告	1. 遵守操作规程，爱惜仪器设备； 2. 营造规范、整洁、有序的工作环境； 3. 独立思考、发现问题、解决问题； 4. 提高安全意识、质量意识和环保意识； 5. 实验室组织与管理（8S 管理）

思政融入点

序号	授课内容	思政融入点
1	学生签到	世界观、人生观、价值观教育
2	硫酸亚铁铵的化学成分	专业教育、崇尚科学
3	硫酸亚铁铵的用途	实事求是、一丝不苟、尊重科学
4	城市生活污水净化方法	职业道德、社会担当、社会责任
5	硫酸亚铁铵中硫酸亚铁含量测定	规范意识、标准意识、安全意识、责任意识、成本意识、节约意识、环保意识、竞争意识、团队合作精神、劳动精神、工匠精神、榜样的力量、职业素养等
6	实训结束工作	职业素养、劳动精神、环保意识

知识平台

硫酸亚铁铵，俗名为莫尔盐（摩尔盐），浅蓝绿色结晶或粉末，是一种重要的化工原料。废铁屑经碱溶液洗净后，过量硫酸溶解；加入稍过量硫酸铵饱和溶液，小火下蒸发溶剂至晶膜出现，停火后利用余热蒸发溶剂，过滤后用少量乙醇洗涤即可得到硫酸亚铁铵固体。

硫酸亚铁铵在定量分析中常用作标定重铬酸钾、高锰酸钾等标准溶液的基准物质。

硫酸亚铁铵因具有很好的净化效果、成本低廉、使用效率高、不会产生二次污染而在污水处理厂或者饮用水厂得到广泛的应用。也应用于城镇生活饮用水、工业循环水的净化处理，化工、石油、矿山、造纸、印染、酿造、钢铁、煤气、油漆、皮革、制药、食品、电镀等行业的工业废水和城市生活污水的净化、污泥脱水处理。它还可以有效除去磷酸盐，防止水源富营养化。使用该产品不需要改变原有的处理流程，不需要增加大型设备和成本，简单方便，经济适用，效益高。

硫酸亚铁铵在农业中可用作化肥、除草剂、杀虫剂，可防治小麦、果树、土豆、玉米、蔬菜等虫害和果树的腐烂病。

» 任务实施

★【采用标准】

《化学试剂　标准滴定溶液的制备》（GB/T 601—2016）、《化学试剂　电位滴定法通则》（GB/T 9725—2007）

●【方法原理】

用铂电极作指示电极，饱和甘汞电极作参比电极，在试样溶液中不断滴入重铬酸钾标准溶液，待测铁离子的氧化钛与还原态的活度比值不断变化，氧化还原电对的电位值也不断发生变化，在化学计量点附近发生电位突跃。用二级微商法确定滴定终点。

化学反应方程式为：$Cr_2O_7^{2-} + 6Fe^{2+} + 14H^+ = 2Cr^{2+} + 6Fe^{3+} + 7H_2O$

计量关系：$n(Fe^{2+}) = 6n(Cr_2O_7^{2-})$

▲【仪器试剂】

仪器和试剂		准备情况
主要仪器	250 mL 容量瓶 3 个、25.00 mL 移液管 1 支、洗耳球 1 个、50 mL 聚四氟滴定管 1 支、250 mL 锥形瓶 4 个、铂电极 1 支、饱和甘汞电极 1 支、250 mL 烧杯 1 个、电位计 1 台、磁力搅拌器 1 台、万分之一电子天平 1 台、量筒（各种规格）、洗耳球、洗瓶、滴定台、滴定管架、移液管架	
试剂	待测样品、重铬酸钾基准试剂、硫磷混酸、邻苯氨基苯甲酸、去离子水	

◆【任务操作】

1. 配制指定的实验试剂溶液

根据现场提供的试剂，按要求配制 1% 的邻苯氨基苯甲酸指示剂 50 mL。

2. 配制重铬酸钾标准滴定溶液

准确称取 3 份适量的重铬酸钾基准试剂，溶于水中并转移至 250 mL 容量瓶中定容，作为重铬酸钾标准滴定溶液。

3. 样品中硫酸亚铁铵含量的测定

用移液管移取 25.00 mL 样品置于 250 mL 烧杯中，加入 10 mL（1∶1）硫磷混酸，稀释至 50 mL，加 1 滴邻苯氨基苯甲酸指示剂，放入洗净的转子，将烧杯置于搅拌器上，将电极正确连接于测量仪器。打开磁力搅拌器，将选择开关置于“mV”位置上记录溶液的起始电位，从滴定管中以小的增量连续滴加等份重铬酸钾标准滴定溶液，记录每次加入的滴定剂体积以及对应的电位值。观察并记录溶液颜色变化和对应的电位值及滴定体积。

平行测定 3 次。用相对平均偏差表示测定结果的精密度。

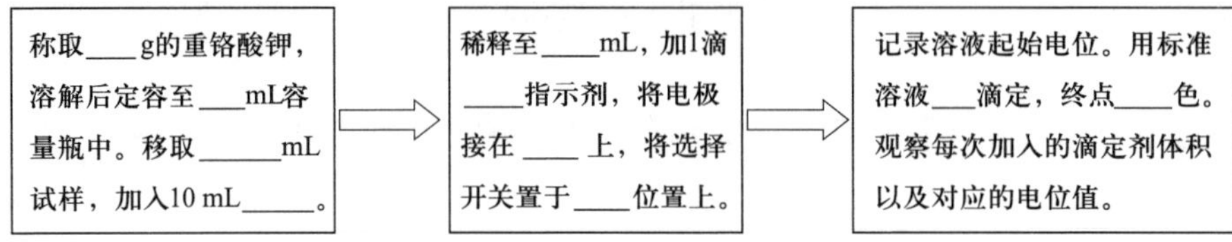

▼【数据记录】

测定项目	1	2	3
称取重铬酸钾基准试剂的质量/g			
重铬酸钾标准滴定溶液的浓度/（mol/L）			
移取硫酸亚铁铵试样溶液的体积/mL			
滴定消耗重铬酸钾标准滴定溶液的体积/mL			
体积校正值/mL			
溶液温度/℃			
溶液温度补正值/mL			
溶液温度校正值/mL			
实际消耗重铬酸钾标准溶液的体积 V/mL			
试样溶液中硫酸亚铁铵的质量浓度/（g/L）			
试样溶液中硫酸亚铁铵的质量浓度平均值/（g/L）			
平行测定结果的相对平均偏差/%			

V/mL	ΔE/mv	ΔV/mL	一级微商（$\Delta E/\Delta V$）	二级微商

☯【结果计算】

$$\rho = \frac{m \times M_2}{M_1 \times V_1} \times V \times 6 \times \frac{1\ 000}{V_2}$$

式中 ρ——试样中硫酸亚铁铵的质量浓度，g/L；

m——称取重铬酸钾基准试剂的质量，g；

V_1——重铬酸钾标准滴定溶液的体积，mL；

V_2——移取样品溶液的体积，mL；

V——实际消耗重铬酸钾标准溶液的体积，mL；

M_1——重铬酸钾基准试剂的摩尔质量（$M_1 = 294.17$），g/mol；

M_2——硫酸亚铁铵的摩尔质量（$M_2 = 392.14$），g/mol。

✍【结果评价】

评分内容	评分项	评判类型	评分指标	指标分数描述	配分	得分
实验准备（20分）	个人健康、安全、仪器设备准备、溶液配制	测量	熟悉现场健康、安全和环境保护内容，写出相应措施	若实验操作正式开始前，未在报告纸上撰写相关内容，扣除所有分数；若内容缺项，按要点平均扣分	4	
		测量	全过程个人防护用品穿戴	若未按要求正确穿戴口罩、实验服、护目镜、手套等，扣除所有分数	2	
		测量	全过程无破碎玻璃器皿	如果不满足要求，扣除所有分数	2	
		测量	实验室器具贴标签	对于易混用玻璃器皿，若有一个未贴标签，扣除所有分数	2	
		测量	实验全过程干净整洁，无试剂溢出和洒落	如果不满足条件，扣除所有分数（去离子水可有些许洒落，须随手擦干）	2	
		测量	标签识读和试剂选用	如果不能正确识读和选用英文标识，导致药品试剂选择错误，扣除所有分数	2	
		测量	1%邻苯氨基苯甲酸指示剂的配制	如果物料计算错误或称量错误，或者未用乙醇的稀释方式，扣除所有分数	3	
		测量	在专用容器中处理废弃物	如果未在专用容器中处理废弃物，扣除所有分数	3	
实验操作（25分）	样品制备、含量测定、文明操作	测量	重铬酸钾试剂：称量	如果未按规范操作，每错1次扣除1分，直至扣完为止	3	
		测量	重铬酸钾试剂：配制	如果未按规范操作，每错1次扣除1分，直至扣完为止	3	
		测量	样品试液：移取	如果未按规范操作，每错1次扣除1分，直至扣完为止	3	
		测量	样品分析：电位滴定操作	如果未按规范操作、读数错误，每错1次扣除1分，直至扣完为止	3	
		测量	样品分析：滴定终点	如果接近化学计量点滴定溶液滴定体积控制不当，扣除1分，直至扣完为止	3	

续表

评分内容	评分项	评判类型	评分指标	指标分数描述	配分	得分
实验操作（25分）	样品制备、含量测定、文明操作	测量	原始数据记录	原始数据记录及时，须用规范纸张记录，规范改正数据，不缺项	3	
		测量	重大操作失误	存在重吸、重测行为，扣除所有分数	3	
		评判	工作场地组织和管理	工作场地混乱，玻璃仪器、试剂用完后未及时归位（未做完实验得0分）	1	
				工作场地有序，玻璃仪器、试剂用完后及时归位，个别仪器未及时归位	2	
				工作场地管理规范有序，所有玻璃仪器、试剂及时归位	3	
				工作场地管理规范有序，所有玻璃仪器、试剂及时归位且使用了其他的高效工作场地管理方法	4	
结果报告（55分）	数据处理、撰写报告	测量	数据处理	如果未进行滴定管体积校正、温度校正，或计算过程及结果不正确，扣除所有分数	5	
		测量	有效数字保留与修约	如果有效数字保留或修约不正确，扣除所有分数	3	
		测量	样品测定的精密度	相对平均偏差≤0.15%，不扣分；0.15%＜相对平均偏差≤0.30%，扣3分；0.30%＜相对平均偏差≤0.45%，扣6分；0.45%＜相对平均偏差≤0.60%，扣9分；相对平均偏差＞0.60%，扣12分；未平行测定3次，不得分	12	
		测量	样品测定的准确度	|相对误差|≤0.15%，不扣分；0.15%＜|相对误差|≤0.30%，扣3分；0.30%＜|相对误差|≤0.45%，扣6分；0.45%＜|相对误差|≤0.60%，扣9分；0.60%＜|相对误差|≤0.75%，扣12分；|相对误差|＞0.75%，扣15分；未平行测定3次或精密度未得分，均不得分	15	
		评判	报告编制	报告数据项目不全，结构混乱，无结论	5	
				报告数据项目全面且有结论，工作流程不连贯，结构不完整	10	
				报告数据全面且有正确结论，结构完整，且工作流程清晰	15	
				报告数据全面且有正确结论，结构完整，工作流程清晰，且包含科学的论据和创新内容	20	
合计					100	

想一想 练一练

1. 硫酸亚铁铵的化学成分是什么？硫酸亚铁铵在污水处理中有什么用途？
2. 酸碱滴定法与电位滴定法测定硫酸亚铁铵含量，滴定过程中有哪些不同点？
3. 用电位滴定法测定硫酸亚铁铵含量的依据是什么？
4. 用电位滴定法测定硫酸亚铁铵含量时如何判断滴定终点？

知识拓展

1. 样品溶液在移取时要注意准确度和操作的规范性。
2. 铂电极和饱和甘汞电极在使用前要会保养。
3. 会借助指示剂颜色的变化确定滴定终点。
4. 数据处理时应注意最终结果的表示方式为 g/L。

对接世赛

1. 请结合本次实训，说明哪些健康与安全措施是必要的。
2. 请结合本次实训，说明需要哪些环境保护措施。
3. 撰写报告：请完成一份报告，内容包括实验过程中必须做好的健康、安全、环境保护保措施，实验中的物料计算和过程记录、数据处理、结果的评价和问题分析。
4. 查阅相关专业英语资料，写出该任务实训中涉及的玻璃仪器、设备、化学试剂等的专业英语。

任务三 酱油中氨基酸态氮含量的测定

任务书

本市酱油生产企业生产了一批生抽酱油。请利用电位滴定法测定该样品中氨基酸态氮含量，出具检验结果报告单。

任务分析

酱油是中国传统的调味品，用大豆或脱脂大豆（黑豆）、小麦（麸皮）加入水、食盐酿造而成。不法商户为获得更大利益，铤而走险，利用化学物质勾兑调配成能以假乱真的“配制酱油”，而不是酿造酱油。酱油的质量关系人们的身体健康，出厂检测和市场抽检要严格把关，把健康的生活用品交给百姓。

酱油质量检测中有一个非常重要的指标是氨基酸态氮含量，一般来说氨基酸态氮含量越高，酱油的等级就越高，品质越好。

本任务主要是用给定的仪器、设备及药品、试剂来测定酱油中氨基酸态氮含量，从而判断市场销售的酱油质量优劣。具体内容包括：

①制定实训方案。

②列举实训中的健康与安全、环境保护措施。

③配制指定的实验试剂溶液。

④制备酱油试样。

⑤测定酱油中氨基酸态氮的含量。

⑥处理数据并撰写工作报告。

⑦实验室组织与管理。

学习目标

知识目标	能力目标	素质目标
1. 列举氨基酸的性质； 2. 讲述测定酱油中氨基酸态氮含量的意义； 3. 说出酱油中氨基酸态氮含量的测定原理和方法； 4. 解释复合玻璃电极的维护、保养方法； 5. 列举实训中存在的健康与安全、环境保护措施	1. 制定酱油中氨基酸态氮含量的测定实训方案； 2. 配制指定的实验试剂溶液； 3. 展示酱油试样的处理过程； 4. 展示酱油中氨基酸态氮含量的测定过程； 5. 计算酱油中氨基酸态氮的含量； 6. 评价实训结果，展示工作报告	1. 遵守操作规程，爱惜仪器设备； 2. 营造规范、整洁、有序的工作环境； 3. 独立思考、发现问题、解决问题； 4. 提高安全意识、质量意识和环保意识； 5. 实验室组织与管理（8S 管理）

思政融入点

序号	授课内容	思政融入点
1	学生签到	世界观、人生观、价值观教育
2	酱油的酿造	学习先辈追求未知事物的科学精神
3	酱油种类多样性	文化的多样性和包容性——酱油与中国饮食文化
4	酱油的生产差异	创新精神、职业道德、脱贫攻坚、中国梦
5	酱油的质量检验	规范意识、标准意识、安全意识、责任意识、成本意识、节约意识、环保意识、竞争意识、团队合作精神、劳动精神、工匠精神、榜样的力量、职业素养等
6	实训结束工作	职业素养、劳动精神、环保意识

知识平台

酱油按照生产工艺不同分为酿造酱油和配制酱油。酿造酱油的生产是以大豆或者豆粕等植物蛋白为主要原料，辅以面粉、小麦、麸皮等，在酿造过程中，在各种微生物的不同酶系

作用下，原料中各种有机物发生复杂的生物化学反应，形成成分多样且具有特殊色、香、味的调味品。配制酱油是将砂糖、精盐、味精、酵母抽取物、水解植物蛋白质、肌苷酸、鸟苷酸这 7 种调味料及化合物混合一起调配而成。

按酱油酿造工艺、原料、风味的不同，又可分为“生抽”“老抽”“味极鲜”等。不同品种的酱油，氨基酸态氮含量不同，一般来说氨基酸态氮含量越高，酱油的等级越高，品质越好。按发酵方式进行分类，可分为低盐固态工艺、浇淋工艺、高盐稀态工艺；以发酵过程分类，又可分为“广式高盐稀态”和“日式高盐稀态”。

烹调食品时加入一定量的酱油，可增加食物的香味，并可使其色泽更加好看，从而增进食欲。酱油的主要原料是大豆，其含有多种维生素和矿物质。

》任务实施

★【采用标准】

《化学试剂　标准滴定溶液的制备》（GB/T 601—2016）、《酿造酱油》（GB/T 18186—2000）、《食品安全国家标准　食品中氨基酸态氮的测定》（GB 5009.235—2016）

●【方法原理】

氨基酸含有羧基和氨基，利用氨基酸的两性作用，加入甲醛固定氨基的碱性，使羧基显示出酸性，用氢氧化钠标准溶液滴定后进行测量，以酸度计测定终点。反应式为：

$$\underset{\displaystyle NH_2}{R-\underset{|}{CH}-COOH} + HCHO \rightarrow \underset{\displaystyle NH-CH_2OH}{R-\underset{|}{CH}-COOH}$$

$$\underset{\displaystyle NH-CH_2OH}{R-\underset{|}{CH}-COOH} + NaOH \rightarrow \underset{\displaystyle NH-CH_2OH}{R-\underset{|}{CH}-COONa} + H_2O$$

化学计量点：pH≈9.2

计量关系：n（氨基酸）$=n$（NaOH）

▲【仪器试剂】

仪器和试剂		准备情况
主要仪器	100 mL 容量瓶 1 个、25.00 mL 移液管 1 支、洗耳球 1 个、50 mL 聚四氟滴定管 1 支、酸度计复合电极 1 个、250 mL 烧杯 1 个、pH 计 1 台、磁力搅拌器 1 台、万分之一电子天平 1 台、量筒（各种规格）、洗耳球、洗瓶、滴定台、滴定管架、移液管架	
试剂	酱油试样、0.05 mol/L 氢氧化钠标准溶液、甲醛溶液（36%）	

◆【任务操作】

1. 配制指定的实验试剂溶液

根据现场提供的试剂，按要求配制 36% 的甲醛溶液 50 mL。

2. 样品中氨基酸态氮含量的测定

准确吸取酱油试样 5. 00 mL 置于 100 mL 容量瓶中，加水至刻度，摇匀后吸取 20. 00 mL 置于 250 mL 烧杯中，加水 60 mL，插入酸度计复合电极，开动磁力搅拌器，用 0. 05 mol/L 氢氧化钠标准溶液滴定至酸度计指示 pH = 8. 2，记录消耗氢氧化钠标准溶液的体积（mL）（按总酸计算公式可以计算出酱油的总酸含量）。

向上述溶液中准确加入甲醛溶液 10. 00 mL，摇匀，继续用 0. 05 mol/L 氢氧化钠标准溶液滴定至 pH =9. 2，记录消耗氢氧化钠标准溶液的体积（mL），供计算氨基酸态氮含量用。

试剂空白试验：取蒸馏水 80 mL 置于另一 250 mL 洁净烧杯中，先用 0. 05 mol/L 的氢氧化钠标准溶液滴定至 pH = 8. 2（此时不计碱消耗量）。再加入 10. 00 mL 甲醛溶液，继续用 0. 05 mol/L 氢氧化钠标准溶液滴定至酸度计指示 pH =9. 2，第二次所用的氢氧化钠标准溶液的体积为测定氨基酸态氮的试剂空白试验。

平行测定 3 次。用相对标准偏差表示测定结果的精密度。

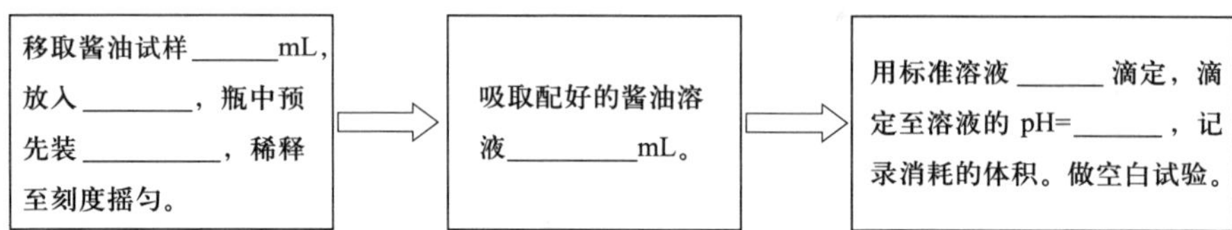

▼【数据记录】

测定项目		1	2	3
移取酱油试样的体积/mL				
移取酱油溶液的体积/mL				
试样实验	加甲醛前消耗的氢氧化钠标准溶液的体积/mL			
	加甲醛后消耗的氢氧化钠标准溶液的体积/mL			
	滴定消耗氢氧化钠标准溶液的体积/mL			
	体积校正值/mL			
	溶液温度/℃			
	溶液温度校正值/mL			
	实际消耗氢氧化钠标准溶液的体积 V/mL			
空白试验	加甲醛前消耗的氢氧化钠标准溶液的体积/mL			
	加甲醛后消耗的氢氧化钠标准溶液的体积/mL			
	滴定消耗氢氧化钠标准溶液的体积/mL			
	体积校正值/mL			
	溶液温度/℃			
	溶液温度校正值/mL			
	实际消耗氢氧化钠标准溶液的体积 V_0/mL			
氢氧化钠标准溶液浓度/（mol/L）				
试样中的氨基酸态氮含量/（g/100 mL）				
试样中的氨基酸态氮含量平均值/（g/100 mL）				
平行测定结果的相对标准偏差/%				

☯【结果计算】

$$\rho(\mathrm{g/100\ mL}) = \frac{(V - V_0) \cdot c \times 0.014 \times 100}{5 \times 20} \times 100$$

式中　ρ——样品中氨基酸态氮的含量，g/100 mL；

V——试样实验加入甲醛后实际消耗氢氧化钠标准溶液的体积，mL；

V_0——空白试验加入甲醛后实际消耗氢氧化钠标准溶液的体积，mL；

5——样品试样移取体积，mL；

20——样品稀释液移取体积，mL；

c——氢氧化钠标准溶液的浓度，mol/L；

0.014——1.00 mL 氢氧化钠标准溶液［c（NaOH）＝1.000 mol/L］相当于氮的质量（g），g/mmol。

✍【结果评价】

评分内容	评分项	评判类型	评分指标	指标分数描述	配分	得分
实验准备（20 分）	个人健康、安全、仪器设备准备、溶液配制	测量	熟悉现场健康、安全和环境保护内容，写出相应措施	若实验操作正式开始前，未在报告纸上撰写相关内容，扣除所有分数；若内容缺项，按要点平均扣分	4	
		测量	全过程个人防护用品穿戴	若未按要求正确穿戴口罩、实验服、护目镜、手套等，扣除所有分数	2	
		测量	全过程无破碎玻璃器皿	如果不满足要求，扣除所有分数	2	
		测量	实验室器具贴标签	对于易混用玻璃器皿，若有一个未贴标签，扣除所有分数	2	
		测量	实验全过程干净整洁，无试剂溢出和洒落	如果不满足条件，扣除所有分数（去离子水可有些许洒落，须随手擦干）	2	
		测量	标签识读和试剂选用	如果不能正确识读和选用英文标识，导致药品试剂选择错误，扣除所有分数	2	
		测量	36% 甲醛溶液的配制	如果物料计算错误或称量错误，或者未用正确的稀释方式，扣除所有分数	3	
		测量	在专用容器中处理废弃物	如果未在专用容器中处理废弃物，扣除所有分数	3	
实验操作（25 分）	样品制备、含量测定、文明操作	测量	酱油试液：配制	如果未按规范操作，每错 1 次扣除 1 分，直至扣完为止	3	
		测量	酱油试液：移取	如果未按规范操作，每错 1 次扣除 1 分，直至扣完为止	3	
		测量	样品分析：滴定操作	如果未按规范操作、读数错误，每错 1 次扣除 1 分，直至扣完为止	3	
		测量	样品分析：滴定终点	如果某次电位值不是化学计量点值，扣除 1 分，直至扣完为止	3	

续表

评分内容	评分项	评判类型	评分指标	指标分数描述	配分	得分
实验操作（25 分）	样品制备、含量测定、文明操作	测量	样品分析：空白试验	如果未按规范操作，扣除所有分数	3	
		测量	原始数据记录	原始数据记录及时，须用规范纸张记录，规范改正数据，不缺项	3	
		测量	重大操作失误	存在重吸、重测行为，扣除所有分数	3	
		评判	工作场地组织和管理	工作场地混乱，玻璃仪器、试剂用完后未及时归位（未做完实验得 0 分）	1	
				工作场地有序，玻璃仪器、试剂用完后及时归位，个别仪器未及时归位	2	
				工作场地管理规范有序，所有玻璃仪器、试剂及时归位	3	
				工作场地管理规范有序，所有玻璃仪器、试剂及时归位且使用了其他的高效工作场地管理方法	4	
结果报告（55 分）	数据处理、撰写报告	测量	数据处理	如果未进行滴定管体积校正、温度校正，或计算过程及结果不正确，扣除所有分数	5	
		测量	有效数字保留与修约	如果有效数字保留或修约不正确，扣除所有分数	3	
		测量	样品测定的精密度	相对标准偏差 ≤ 0.15%，不扣分；0.15% < 相对标准偏差 ≤ 0.30%，扣 3 分；0.30% < 相对标准偏差 ≤ 0.45%，扣 6 分；0.45% < 相对标准偏差 ≤ 0.60%，扣 9 分；相对标准偏差 > 0.60%，扣 12 分；未平行测定 3 次，不得分	12	
		测量	样品测定的准确度	|相对误差| ≤ 0.15%，不扣分；0.15% < |相对误差| ≤ 0.30%，扣 3 分；0.30% < |相对误差| ≤ 0.45%，扣 6 分；0.45% < |相对误差| ≤ 0.60%，扣 9 分；0.60% < |相对误差| ≤ 0.75%，扣 12 分；|相对误差| > 0.75%，扣 15 分；未平行测定 3 次或精密度未得分，均不得分	15	
		评判	报告编制	报告数据项目不全，结构混乱，无结论	5	
				报告数据项目全面且有结论，工作流程不连贯，结构不完整	10	
				报告数据全面且有正确结论，结构完整，且工作流程清晰	15	
				报告数据全面且有正确结论，结构完整，工作流程清晰，且包含科学的论据和创新内容	20	
合计					100	

想一想 练一练

1. 酱油中为什么会存在氨基酸态氮？氨基酸态氮含量测定有什么意义？
2. 酸碱滴定法与电位滴定法测定酱油中氨基酸态氮含量，滴定过程中有哪些不同点？
3. 电位滴定法测定酱油中氨基酸态氮含量的依据是什么？
4. 电位滴定法测定酱油中氨基酸态氮含量时如何判断滴定终点？

知识拓展

1. 样品溶液在移取时要注意准确度和操作的规范性。
2. 酸度计复合电极在使用前要会保养。
3. 会借助酸度计指示 pH 值确定滴定终点。
4. 数据处理时应注意最终结果的表示方式为 g/100 mL。

对接世赛

1. 请结合本次实训，说明哪些健康与安全措施是必要的。
2. 请结合本次实训，说明需要哪些环境保护措施。
3. 撰写报告：请完成一份报告，内容包括实验过程中必须做好的健康、安全、环境保护措施，实验中的物料计算和过程记录、数据处理、结果的评价和问题分析。
4. 查阅相关专业英语资料，写出该任务实训中涉及的玻璃仪器、设备、化学试剂等的专业英语。

考核任务　城市生活污水中 Cl^- 含量的测定

一、健康与安全

请说明哪些健康与安全措施是必要的，按要求执行。

二、环境保护

请说明是否需要采取环境保护措施。

三、原理

城市生活污水中含有 Cl^- 等无机阴离子。利用硝酸银标准溶液滴定水样，以 216 型银电极为指示电极，217 型双盐桥饱和甘汞电极为参比电极，测定电位；随着硝酸银标准溶液的加入和反应的进行，溶液的电位不断变化，在等量点附近发生电位突跃，可确定滴定终点。根据滴定消耗的硝酸银标准溶液的体积，依据硝酸银标准溶液的浓度和用量计算出城市生活污水样品中 Cl^- 含量。

反应式：$Cl^- + AgNO_3 = AgCl\downarrow + NO_3^-$

计量关系：$n(Cl^-) = n(AgNO_3)$

四、考核目标

1. 中性乙醇溶液的配制。
2. 污水样品中 Cl^- 含量的测定。
3. 报告。

五、设备、试剂与溶液

银电极、双盐桥饱和甘汞电极、电位计、磁力搅拌器、其他实验辅助设备	滴定管、移液管、锥形瓶、量筒、滴管、洗瓶、烧杯、洗耳球	0.1 mol/L 硝酸银标准溶液、生活污水样品、淀粉、去离子水

六、实验

1. 配制指定的实验试剂溶液

根据现场提供的试剂，按要求配制 10 g/L 的淀粉溶液 50 mL。

2. 城市生活污水水样中 Cl^- 含量的测定

用移液管移取 25.00 mL 生活污水试样置于 250 mL 烧杯中，加入 50 mL 蒸馏水，以 216

型银电极为指示电极，217 型双盐桥饱和甘汞电极为参比电极，开动搅拌器，用硝酸银标准溶液滴定。从滴定管中滴入约为所需滴定体积的 90% 标准滴定溶液，测量溶液的电位值。以后每滴加 1 mL 或适量标准滴定溶液测量一次电位值，化学计量点前后，应每滴加 0.1 mL 标准滴定溶液，测量一次，继续滴定至电位值变化不大为止。记录每次滴加标准滴定溶液后滴定管读数及测得的电位值，用二级微商法确定滴定终点。记录硝酸银标准溶液的用量，计算生活污水样品中 Cl^- 含量。

平行测定 3 次。计算水样中 Cl^- 的含量，用相对平均偏差表示测定结果的精密度。

3. 计算

$$c(Cl^-) = \frac{V_0 \times c}{V}$$

式中　$c(Cl^-)$ ——Cl^- 的含量，mol/L；

V_0——硝酸银标准滴定溶液体积，mL；

c——硝酸银标准滴定溶液浓度，mol/L；

V——生活污水试样体积，mL。

对接世赛

1. 请结合本次实训，说明哪些健康与安全措施是必要的。

2. 请结合本次实训，说明需要哪些环境保护措施。

3. 撰写报告：请完成一份报告，内容包括实验过程中必须做好的健康、安全、环境保护措施，实验中的物料计算和过程记录、数据处理、结果的评价和问题分析。

4. 查阅相关专业英语资料，写出该任务实训中涉及的玻璃仪器、设备、化学试剂等的专业英语。

【结果评价】

评分内容	评分项	评判类型	评分指标	指标分数描述	配分	得分
实验准备（20 分）	个人健康、安全、仪器设备准备、溶液配制	测量	熟悉现场健康、安全和环境保护内容，写出相应措施	若实验操作正式开始前，未在报告纸上撰写相关内容，扣除所有分数；若内容缺项，按要点平均扣分	4	
		测量	全过程个人防护用品穿戴	若未按要求正确穿戴口罩、实验服、护目镜、手套等，扣除所有分数	2	
		测量	全过程无破碎玻璃器皿	如果不满足要求，扣除所有分数	2	
		测量	实验室器具贴标签	对于易混用玻璃器皿，若有一个未贴标签，扣除所有分数	2	
		测量	实验全过程干净整洁，无试剂溢出和洒落	如果不满足条件，扣除所有分数（去离子水可有些许洒落，须随手擦干）	2	
		测量	标签识读和试剂选用	如果不能正确识读和选用英文标识，导致药品试剂选择错误，扣除所有分数	2	

续表

评分内容	评分项	评判类型	评分指标	指标分数描述	配分	得分
实验准备（20分）	个人健康、安全、仪器设备准备、溶液配制	测量	淀粉指示剂的配制	如果物料计算错误或称量错误，扣除所有分数	3	
		测量	在专用容器中处理废弃物	如果未在专用容器中处理废弃物，扣除所有分数	3	
实验操作（25分）	样品制备、含量测定、文明操作	测量	水样试液：移取	如果未按规范操作，每错1次扣除1分，直至扣完为止	3	
		测量	电极：清洗	如果未按规范操作，每错1次扣除1分，直至扣完为止	3	
		测量	样品分析：滴定操作	如果未按规范操作、读数错误，每错1次扣除1分，直至扣完为止	3	
		测量	样品分析：滴定终点	如果在化学计量点附近滴定标准溶液的体积不合适，扣除1分，直至扣完为止	3	
		测量	样品分析：空白试验	如果未按规范操作，扣除所有分数	3	
		测量	原始数据记录	原始数据记录及时，须用规范纸张记录，规范改正数据，不缺项	3	
		测量	重大操作失误	存在重吸、重测行为，扣除所有分数	3	
		评判	工作场地组织和管理	工作场地混乱，玻璃仪器、试剂用完后未及时归位（未做完实验得0分）	1	
				工作场地有序，玻璃仪器、试剂用完后及时归位，个别仪器未及时归位	2	
				工作场地管理规范有序，所有玻璃仪器、试剂及时归位	3	
				工作场地管理规范有序，所有玻璃仪器、试剂及时归位且使用了其他的高效工作场地管理方法	4	
结果报告（55分）	数据处理、撰写报告	测量	数据处理	如果未进行滴定管体积校正、温度校正，或计算过程及结果不正确，扣除所有分数	5	
		测量	有效数字保留与修约	如果有效数字保留或修约不正确，扣除所有分数	3	
		测量	样品测定的精密度	相对平均偏差≤0.15%，不扣分；0.15%＜相对平均偏差≤0.30%，扣3分；0.30%＜相对平均偏差≤0.45%，扣6分；0.45%＜相对平均偏差≤0.60%，扣9分；相对平均偏差＞0.60%，扣12分；未平行测定3次，不得分	12	
		测量	样品测定的准确度	|相对误差|≤0.15%，不扣分；0.15%＜|相对误差|≤0.30%，扣3分；0.30%＜|相对误差|≤0.45%，扣6分；0.45%＜|相对误差|≤0.60%，扣9分；0.60%＜|相对误差|≤0.75%，扣12分；|相对误差|＞0.75%，扣15分；未平行测定3次或精密度未得分，均不得分	15	

续表

评分内容	评分项	评判类型	评分指标	指标分数描述	配分	得分
结果报告（55 分）	数据处理、撰写报告	评判	报告编制	报告数据项目不全，结构混乱，无结论	5	
				报告数据项目全面且有结论，工作流程不连贯，结构不完整	10	
				报告数据全面且有正确结论，结构完整，且工作流程清晰	15	
				报告数据全面且有正确结论，结构完整，工作流程清晰，且包含科学的论据和创新内容	20	
合计					100	

项目六

分光光度法操作技能实训

项目描述

分光光度法是通过测定被测物质在特定波长处或一定波长范围内光的吸光度或发光强度，对该物质进行定性和定量分析的方法，也称为吸收光谱法。

在分光光度计中，将不同波长的光连续地照射到一定浓度的样品溶液时，便可得到与不同波长相对应的吸收强度。如以波长（λ）为横坐标，吸收强度（A）为纵坐标，就可绘出该物质的吸收光谱曲线。利用该曲线进行物质定性、定量分析。

紫外－可见分光光度法是利用物质对可见光或紫外线的吸收程度与浓度呈线性关系，通过测定吸光度得出物质含量的分析方法。可测定多种有机物和无机物。

本项目通过操作技能训练，使学生掌握分光光度计操作技能要点，理解光吸收定律的基本知识，了解分光光度法测定未知物的含量、分光光度法测定果蔬中维生素 C 的含量、样品中铁含量的测定、分光光度法测定样品中混合金属组分含量等知识，会进行相关的操作和计算，会对检测结果作出评价并出具检验报告。

任务一　分光光度法测定未知物的含量

任务书

实验室有一瓶已失去标签的化学试剂，但确定是水杨酸、1，10－菲啰啉、磺基水杨酸、苯甲酸、维生素 C 中的某一种。请你利用紫外－可见分光光度法判断未知物并测定其含量。

任务分析

本任务主要是用给定的仪器及试剂测定未知物的含量，从而对物质进行定性、定量分析。对于给出的几种标准溶液和一种未知液，利用紫外－可见分光光度法分别扫描它们的吸收曲线，从而确定未知物是哪种物质，接下来再测出未知物的含量。实验涉及的程序较多，对未知物定性较容易，但对标准溶液的配制和工作曲线的绘制、未知物稀释倍数和浓度的准确测定会有一定的难度。具体内容包括：

①制定实训方案。

②列举实训中的健康与安全、环境保护措施。

③完成吸收池配套性检查。

④定性确定未知物。

⑤制备未知物试液。

⑥测定未知物的含量。

⑦处理数据并撰写工作报告。

⑧实验室组织与管理。

学习目标

知识目标	能力目标	素质目标
1. 说出分光光度计的主要结构和各部件的作用； 2. 列举分光光度计的操作步骤； 3. 描述分光光度法测定未知物含量的原理和步骤； 4. 知道物质的吸收光谱曲线和工作曲线； 5. 列举实训中存在的健康与安全、环境保护措施	1. 示范分光光度计的调试和使用； 2. 展示吸收池配套性检查过程； 3. 制定分光光度法测定未知物含量的实训方案； 4. 计算标准储备液和未知物的稀释倍数； 5. 展示分光光度法定性未知物是何种物质； 6. 判断未知物是哪一种物质； 7. 展示标准系列溶液和未知物溶液的配制过程； 8. 展示分光光度法测定未知物含量的过程； 9. 计算未知物的含量； 10. 评价实训结果，展示工作报告	1. 遵守操作规程，爱惜仪器设备； 2. 营造规范、整洁、有序的工作环境； 3. 独立思考、发现问题、解决问题； 4. 提高安全意识、质量意识和环保意识； 5. 实验室组织与管理（8S 管理）

思政融入点

序号	授课内容	思政融入点
1	课前学生签到	签到守时，不能代签，让学生树立诚信意识，养成准时守纪的良好习惯
2	观看选手参加技能大赛的操作视频	社会主义道德教育：一日检测，终身负责，用榜样的力量教育学生树立爱岗敬业的职业精神

续表

序号	授课内容	思政融入点
3	引导学生将技能大赛赛项技术规程与当前流行感冒病毒的检测相联系，让学生思考化学分析的三大任务“定性分析、定量分析和结构分析”怎么体现在检测中，以及化学实验室技术在检测中如何发挥作用	既强化学生的学科和专业使命感，又巩固学生的专业思想
4	学生分组自行设计标准物质和未知物溶液配制、未知物定性、未知物含量测定的方法	培养学生的安全意识和团队合作完成任务的能力
5	未知物含量的测定原理及测定过程	节约意识、工匠精神、职业素养
6	课堂上完成实验过程以及数据处理，在开始实验前认真计算，确定合理的器材和试剂用量	培养学生的环保意识，让他们养成良好的实验习惯，从内心树立起“金山银山不如绿水青山”的环保理念
7	实验过程中规范操作，数据处理仔细严谨	发挥精益求精的工匠精神
8	实验结束后，认真整理实验室卫生	帮助学生树立正确的劳动态度，能够热爱劳动并且尊重他人的劳动成果
9	要求学生根据完成情况，思考问题出在哪里，记录学习成长过程	通过失败的教训、警示性的问题等，反思分析，提高学生的辨别能力和责任意识

知识平台

水杨酸是一种白色针状结晶或单斜棱晶，有特殊的酚酸味。在空气中稳定，但遇光渐渐改变颜色。是植物柳树皮提取物，也是一种天然的消炎药。常用的感冒药阿司匹林就是水杨酸的衍生物乙酰水杨酸钠，而对氨基水杨酸钠则是一种常用的抗结核药物。水杨酸可以祛角质、杀菌、消炎，非常适合治疗毛孔堵塞引起的青春痘。

1，10－菲啰啉又名邻二氮菲，是一种有机化合物。固体呈白色晶体，溶于水形成浅黄至黄色溶液。溶于乙醇、苯、丙酮，不溶于石油醚，会与大多数金属离子形成很稳定的配合物。可用作铜、铁的定量比色试剂，又可作为用硫酸铈滴定铁盐的指示剂，还可用作动物性纤维的染料。

磺基水杨酸呈白色结晶或结晶性粉末，对光敏感。高温时分解成磺酸和水杨酸。遇微量铁时即变为粉红色。易溶于水和乙醇，溶于乙醚。低毒，有刺激性。主要用于脑脊液检验，可测定尿中蛋白，比色分析测定高铁离子。

苯甲酸为具有苯或甲醛气味的鳞片状或针状结晶，在100 ℃时迅速升华，它的蒸气有很强的刺激性，吸入后易引起咳嗽。微溶于水，易溶于乙醇、乙醚等有机溶剂。苯甲酸是弱酸，比脂肪酸强。其与水杨酸合用治疗成人皮肤真菌病和体癣、手癣及足癣等浅部真菌感染，也用作食品和药物制剂的防腐剂。

维生素 C 又叫抗坏血酸，是一种水溶性维生素。食物中的维生素 C 被人体小肠上段吸收。它的主要作用是提高免疫力，预防癌症、心脏病、中风，保护牙齿和牙龈等。坚持按时服用维生素 C 还可以使皮肤黑色素沉着减少，从而减少黑斑和雀斑，使皮肤白皙。富含维生素 C 的食物有花菜、青辣椒、橙子、葡萄汁、西红柿等，可以说，在所有的蔬菜、水果中，维生素 C 含量都不少。

》任务实施

★【采用标准】

《化学试剂　标准滴定溶液的制备》（GB/T 601—2016）、《化学试剂　二水合 5 - 磺基水杨酸（5 - 磺基水杨酸）》（GB/T 10705—2008）、《食品安全国家标准　食品添加剂　苯甲酸》（GB 1886.183—2016）、《食品添加剂　维生素 C（抗坏血酸）》（GB 14754—2010）

●【方法原理】

水杨酸、1，10 - 菲啰啉、磺基水杨酸、苯甲酸、维生素 C 均能在紫外光区产生吸收，根据化合物的紫外吸收光谱中特征吸收峰的波长和强度可以进行物质的鉴定和纯度的检查。通过定性确定试样为何种物质，进而对试样中所含有的物质进行定量分析。

在同一测定条件下，对标准溶液和未知物进行波长扫描，分别得到各自的吸收曲线。根据吸收光谱的特征、吸收光谱的形状、吸收峰的数目、吸收峰的位置（波长）、吸收峰的强度、相应的吸光系数等来确定未知物。

未知物确定好后，先配制一系列标准溶液，在同一台紫外 - 可见分光光度计上用同一厚度的比色皿，在相同条件下测出各标准溶液的吸光度 A，然后以吸光度为纵坐标，以浓度为横坐标绘制工作曲线。再在相同条件下用相同方法配制未知物试样溶液，同样测出吸光度，通过工作曲线可查出未知物试样溶液的浓度。

▲【仪器试剂】

仪器和试剂		准备情况
主要仪器	紫外 - 可见分光光度计 1 台、石英比色皿（1 cm）2 块、10 mL 吸量管 6 支、100 mL容量瓶 15 个、小烧杯 6 个	
试剂	标准溶液：任选 5 种标准试剂溶液（水杨酸、1，10 - 菲啰啉、磺基水杨酸、苯甲酸、维生素 C）。 未知液：5 种标准溶液中的任一种	

◆【任务操作】

1. 吸收池配套性检查

石英吸收池在 220 nm 处装蒸馏水，以一个吸收池为参比，调节 T 为 100%，测定其余吸收池的透射比，其偏差应小于 0.5%，可配成一套使用，记录其余比色皿的吸光度值作为校正值。

2. 未知物的定性分析

将 5 种标准试剂溶液和未知液配制成一定浓度的溶液。以蒸馏水为参比，于波长 200 ~ 350 nm 范围内测定溶液吸光度，并作吸收曲线。根据吸收曲线的形状确定未知物，并从曲线上确定最大吸收波长作为定量测定时的测量波长。190 ~ 210 nm 处的波长不能选择为最大吸收波长。

3. 标准工作曲线绘制

分别准确移取一定体积的标准溶液置于所选用的100 mL容量瓶中，以蒸馏水稀释至刻度，摇匀（绘制标准曲线必须是7个点，7个点分布要合理）。根据未知液吸收曲线上最大吸收波长，以蒸馏水为参比，测定吸光度。然后以浓度为横坐标，以相应的吸光度为纵坐标绘制标准工作曲线。

4. 未知物的定量分析

确定未知液的稀释倍数，并配制待测溶液于所选用的100 mL容量瓶中，以蒸馏水稀释至刻度，摇匀。根据未知液吸收曲线上最大吸收波长，以蒸馏水为参比，测定吸光度。

根据待测溶液的吸光度，计算未知样品的浓度。未知样品平行测定3次。

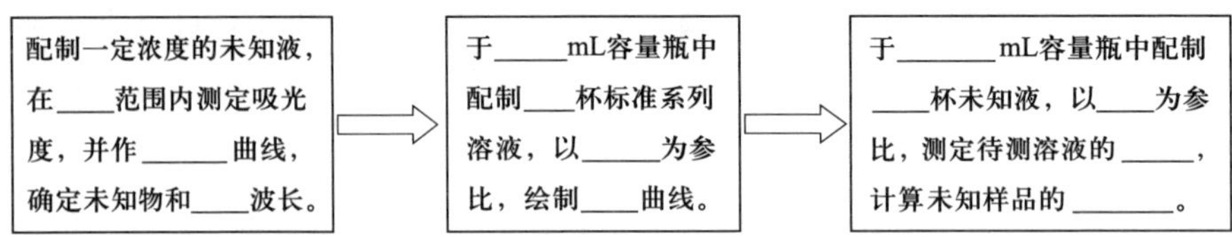

▼【数据记录】

一、比色皿配套性检验

$T_1 = 100.0\%$　　　　$T_2 =$____________。

二、定性结果：未知物为____________。

三、未知试样的定量测量

1. 标准使用溶液的配制

标准储备溶液浓度：____________，标准使用溶液浓度：____________。

稀释次数	吸取体积/mL	稀释后体积/mL	稀释倍数
1			
2			

2. 标准曲线的绘制

测量波长：____________。

溶液代号	吸取标准溶液体积/mL	ρ/（μg/mL）	A
0			
1			
2			
3			
4			
5			
6			
工作曲线线性	$R =$		

3. 未知液的配制

稀释次数	吸取体积/mL	稀释后体积/mL	稀释倍数
1			
2			

4. 未知物含量的测定

平行测定次数	1	2	3
A			
查得的浓度/（μg/mL）			
原始试液浓度/（μg/mL）			
原始试液的平均浓度/（μg/mL）			

☯【结果计算】

根据未知溶液的稀释倍数，求出未知物的含量。计算公式如下：

$$c_0 = c_X \times n$$

式中　c_0——原始未知溶液浓度，μg/mL；

c_X——查得的未知溶液浓度，μg/mL；

n——未知溶液的稀释倍数。

✍【结果评价】

评分内容	评分项	评判类型	评分指标	指标分数描述	配分	得分
实验准备（17分）	个人健康、安全、仪器设备准备、溶液配制	测量	熟悉现场健康、安全和环境保护内容，写出相应措施	若实验操作正式开始前，未在报告纸上撰写相关内容，扣除所有分数；若内容缺项，按要点平均扣分	4	
		测量	全过程个人防护用品穿戴	若未按要求正确穿戴口罩、实验服、护目镜、手套等，扣除所有分数	2	
		测量	全过程无破碎玻璃器皿	如果不满足要求，扣除所有分数	2	
		测量	实验室器具贴标签	对于易混用玻璃器皿，若有一个未贴标签，扣除所有分数	2	
		测量	实验全过程干净整洁，无试剂溢出和洒落	如果不满足条件，扣除所有分数（去离子水可有些许洒落，须随手擦干）	2	
		测量	标签识读和试剂选用	如果不能正确识读和选用英文标识，导致药品试剂选择错误，扣除所有分数	2	
		测量	在专用容器中处理废弃物	如果未在专用容器中处理废弃物，扣除所有分数	3	

续表

评分内容	评分项	评判类型	评分指标	指标分数描述	配分	得分
实验操作（28分）	样品制备、含量测定、文明操作	测量	5种标准试剂溶液和未知液的配制	如果未按规范操作，每错1次扣除1分，直至扣完为止	3	
		测量	比色皿的使用	如果未按规范操作，每错1次扣除1分，直至扣完为止	2	
		测量	仪器的使用	如果未按规范操作，软件使用不熟练，每错1次扣除1分，直至扣完为止	2	
		测量	定性测定	扫描波长范围选择不正确，光谱比对方法及结果不正确，吸收曲线一个不正确，每错1次扣除1分，直至扣完为止	5	
		测量	定量测定	最大波长选择不正确，标准系列溶液个数不足7个，7个点分布不合理，试液吸光度未处于工作曲线范围内，每错1次扣除1分，直至扣完为止	6	
		测量	原始数据记录	原始数据记录及时，须用规范纸张记录，规范改正数据，不缺项	3	
		测量	重大操作失误	存在重配溶液、重测行为，扣除所有分数	3	
		评判	工作场地组织和管理	工作场地混乱，玻璃仪器、试剂用完后未及时归位（未做完实验得0分）	1	
				工作场地有序，玻璃仪器、试剂用完后及时归位，个别仪器未及时归位	2	
				工作场地管理规范有序，所有玻璃仪器、试剂及时归位	3	
				工作场地管理规范有序，所有玻璃仪器、试剂及时归位且使用了其他的高效工作场地管理方法	4	
结果报告（55分）	数据处理、撰写报告	测量	工作曲线线性 r	$r \geqslant 0.999\,995$，不扣分；$0.999\,995 > r \geqslant 0.999\,99$，扣2分；$0.999\,99 > r \geqslant 0.999\,95$，扣4分；$0.999\,95 > r \geqslant 0.999\,9$，扣6分；$0.999\,9 > r \geqslant 0.999\,5$，扣8分；$r < 0.999\,5$，扣10分	10	
		测量	数据处理和结果计算	计算公式不正确，计算错误，有效数字保留或修约不正确，扣除所有分数	3	
		测量	未知物测定的精密度	A值相差$\leqslant 0.001$，不扣分；A值相差$=0.002$，扣2分；A值相差$=0.003$，扣4分；A值相差$=0.004$，扣6分；A值相差$=0.005$，扣8分；A值相差>0.005，扣10分；未平行测定3次，不得分	10	

续表

评分内容	评分项	评判类型	评分指标	指标分数描述	配分	得分
结果报告（55分）	数据处理、撰写报告	测量	未知物测定的准确度	∣相对误差∣ ≤ 0.25%，不扣分；0.25% < ∣相对误差∣ ≤ 0.50%，扣3分；0.50% < ∣相对误差∣ ≤ 0.75%，扣6分；0.75% < ∣相对误差∣ ≤ 1.00%，扣9分；∣相对误差∣ > 1.00%，扣12分；未平行测定3次或精密度未得分，均不得分	12	
		评判	报告编制	报告数据项目不全，结构混乱，无结论	5	
				报告数据项目全面且有结论，工作流程不连贯，结构不完整	10	
				报告数据全面且有正确结论，结构完整，且工作流程清晰	15	
				报告数据全面且有正确结论，结构完整，工作流程清晰，且包含科学的论据和创新内容	20	
合计					100	

想一想 练一练

1. 在没有进行测定的时候，你预想的水杨酸、1，10－菲啰啉、磺基水杨酸、苯甲酸、维生素C溶液的最大吸收波长在什么范围内？你的实验结果和预想的差距有多大？

2. 紫外－可见分光光度法是如何进行物质定性分析的？

3. 紫外－可见分光光度法定量分析的依据是什么？

4. 用蒸馏水进行吸收池配套性检验时，石英吸收池和玻璃吸收池一般在波长何处进行测定？判断一套比色皿配套的标准是什么？

5. 水杨酸、1，10－菲啰啉、磺基水杨酸、苯甲酸、维生素C溶液在进行定性和定量分析时，理想的浓度分别控制在多少？

知识拓展

1. 定性在小烧杯中进行，稀释至100 mL。最大吸收波长处的吸光度控制在0.2～0.8范围内，可考虑二次稀释。从吸收曲线上可得到3点结论：确定未知物是哪种物质、确定最大吸收波长、确定稀释倍数。

2. 定量在容量瓶中进行，用标准溶液配制，稀释至100 mL。工作曲线绘制，多数吸光度在0.2～0.8范围内。输入未知液的最大吸收波长。

3. 未知物含量的测定，用未知液配制，在容量瓶中进行，稀释至100 mL。未知物的吸光度控制在0.2～0.8范围内，最好在中间位置为宜。

对接世赛

1. 请结合本次实训，说明哪些健康与安全措施是必要的。

2. 请结合本次实训，说明需要哪些环境保护措施。

3. 撰写报告：请完成一份报告，内容包括实验过程中必须做好的健康、安全、环境保护措施，实验中的物料计算和过程记录、数据处理、结果的评价和问题分析。

4. 查阅相关专业英语资料，写出该任务实训中涉及的玻璃仪器、设备、化学试剂等的专业英语。

任务二　分光光度法测定果蔬中维生素 C 的含量

任务书

蔬菜水果中含有大量对人体健康有益的营养物质，维生素 C 就是其中一种。不同果蔬中维生素 C 的含量不一样，请同学们采用分光光度法对常见果蔬中维生素 C 的含量进行测定，检验其含量的高低。

任务分析

蔬菜是指可以做菜、烹饪成为食品的一类植物或菌类，是人们日常饮食中必不可少的食物之一。蔬菜可提供人体所必需的多种维生素和矿物质等营养物质。人体必需的维生素 C 的 90%、维生素 A 的 60% 来自蔬菜。此外，蔬菜中还有多种多样的植物化学物质，是人们公认的对健康有益的成分。

水果是指多汁且主要味觉为甜味和酸味，可食用的植物果实。水果不但含有丰富的营养，而且能够促进消化。猕猴桃、橙子、草莓、木瓜、荔枝、山楂、鲜枣、酸枣等水果中维生素 C 的含量都很高。

本任务主要是用给定的仪器及试剂测定果蔬中维生素 C 的含量，从而对物质进行定性定量分析。具体内容包括：

①制定实训方案。

②列举实训中的健康与安全、环境保护措施。

③配制指定的实验试剂溶液。

④制备果蔬试样。

⑤测定果蔬中维生素 C 的含量。

⑥处理数据并撰写工作报告。

⑦实验室组织与管理。

学习目标

知识目标	能力目标	素质目标
1. 列举果蔬中维生素 C 的功效与来源； 2. 说出分光光度法测定果蔬中维生素 C 含量的原理和步骤； 3. 讲述分光光度法的操作过程； 4. 列举实训中存在的健康与安全、环境保护措施	1. 示范分光光度计的调试和使用； 2. 配制指定的实验试剂溶液； 3. 制定分光光度法测定果蔬中维生素 C 含量的实训方案； 4. 计算标准储备液和果蔬试液的稀释倍数； 5. 展示标准系列溶液和果蔬试液的配制过程； 6. 展示分光光度法测定果蔬中维生素 C 含量的过程； 7. 计算果蔬中维生素 C 的含量； 8. 评价实训结果，展示工作报告	1. 遵守操作规程，爱惜仪器设备； 2. 营造规范、整洁、有序的工作环境； 3. 独立思考、发现问题、解决问题； 4. 提高安全意识、质量意识和环保意识； 5. 实验室组织与管理（8S 管理）

思政融入点

序号	授课内容	思政融入点
1	课前学生签到	签到守时，不能代签，让学生树立诚信意识，养成准时守纪的良好习惯
2	引出学习任务：观看比赛视频	效仿榜样，乘风破浪。培养学生的科学精神和严谨的态度，培养学生的自觉性和责任感，促进学生专业能力与道德水平同步提高
3	学生分组自行设计配制指定的实验试剂溶液、标准系列溶液和果蔬试液的方法	培养学生的安全意识和团队合作完成任务的能力
4	维生素 C 含量的测定原理及测定过程	工匠精神、职业素养
5	课堂上完成实验过程以及数据处理，在开始实验前认真计算，确定合理的器材和试剂用量	培养节约意识、环保意识
6	实验过程中规范操作，数据处理仔细严谨	发挥精益求精的工匠精神
7	实验结束后，认真整理实验室卫生	帮助学生树立正确的劳动态度，能够热爱劳动并且尊重他人的劳动成果
8	把社会主义核心价值观方面的内容，以素材形式穿插在实训中，让学生在完成实训的过程中更加深入学习价值观的内容	按时保质完成，培养学生完成任务的执行力，让学生意识到诚信对其一生的工作、生活及其发展的重要性。学以致用，将学习的知识应用到实际中
9	学生分组进行总结分析，发现问题并提出解决方案	培养学生认真思考、勇于探索、敢于创新的科学精神

知识平台

蔬菜的营养物质主要包含矿物质、维生素、纤维等，这些物质的含量越高，蔬菜的营养价值也越高。此外，蔬菜中的水分和膳食纤维的含量也是重要的营养品质指标。通常，水分含量高、膳食纤维少的蔬菜鲜嫩度较高，其食用价值也较大。但从保健的角度来看，膳食纤维也是一种必不可少的营养素。此外，许多蔬菜还含有独特的微量元素，对人体具有特殊的保健功效，如西红柿中的番茄红素、洋葱中的前列腺素等。可见蔬菜对人类健康的贡献之大。

蔬菜的抗癌功效一直是各国科学家研究的热点。多吃花椰菜的人患肠癌、肺癌的风险较小，西蓝花具有一定的抗癌功效，西红柿能预防前列腺癌、乳腺癌，红薯能预防结肠癌、乳腺癌，十字花科蔬菜可防胃癌，大蒜能预防结肠癌，胡萝卜则能降低肺癌患病率。

水果也是营养价值极高的食物，其中主要富含矿物质、微量元素、膳食纤维和维生素，最主要的是多数水果中还含有蛋白酶和植物抗氧化物，可以帮助身体消食化积、调节免疫系统功能、降低血脂、缓解便秘。

经常吃水果对人身体是十分有益的，对人体内酸碱平衡有调节作用，还有助于促进身体的新陈代谢和抑制食欲，有减肥瘦身的功效。水果还能润养皮肤，抑制黑色素的形成。

维生素 C 是人体代谢不可缺少的一种营养元素，且具有多种健脑强身的功效，所以补充维生素 C 是非常必要的。含维生素 C 最多的就是新鲜的蔬菜和水果，绿叶蔬菜大多含有维生素 C，含量高的如西蓝花、青椒、橄榄菜、西红柿、辣椒、黄瓜、南瓜等。另外，柑橘类的水果、枣类的水果、瓜类的水果中也蕴含丰富的维生素 C。

» 任务实施

★【采用标准】

《化学试剂　标准滴定溶液的制备》（GB/T 601—2016）、《化学试剂　试验方法中所用制剂及制品的制备》（GB/T 603—2023）、《食品添加剂　维生素 C（抗坏血酸）》（GB 14754—2010）

●【方法原理】

维生素 C（抗坏血酸）在食品中能起抗氧化剂的作用，它在一定时间内能防止油脂变酸。维生素 C 是水溶性的，可在紫外光区测定果蔬中维生素 C 的含量。

▲【仪器试剂】

仪器和试剂		准备情况
主要仪器	电子天平 1 台、果汁机或碾钵 1 台、紫外 - 可见分光光度计 1 台、石英比色皿（1 cm）2 块、100 mL 容量瓶 15 个、10 mL 吸量管 2 支	
试剂	维生素 C、蔬菜、水果	

◆【任务操作】

1. 配制指定的实验试剂溶液

根据现场提供的试剂，按要求配制 2 mg/mL 的维生素 C 储备液 100 mL。

2. 果蔬中维生素 C 含量的测定

（1）配制维生素 C 标准溶液。用吸量管准确吸取 5 mL 维生素 C 储备液置于 100 mL 容量瓶中，用蒸馏水稀释至刻度，摇匀。

（2）配制维生素 C 标准系列溶液。用吸量管分别吸取维生素 C 标准溶液 0.00 mL、1.00 mL、2.00 mL、4.00 mL、6.00 mL、8.00 mL、10.00 mL 置于 7 个洁净且干燥的 100 mL 容量瓶中，用蒸馏水稀释至刻度，摇匀。

（3）绘制吸收光谱曲线。适当选取一杯维生素 C 标准系列溶液，以蒸馏水为参比，在 200 ~ 350 nm 范围内测定溶液吸光度，绘制吸收曲线，并确定最大吸收波长 λ_{max}。

（4）绘制工作曲线。以蒸馏水为参比，在 λ_{max} 处测定维生素 C 标准系列溶液的吸光度。然后以浓度为横坐标，以相应的吸光度为纵坐标绘制标准曲线。

（5）试样的制备。准确称取一定质量的蔬菜或水果，然后用果汁机（或先用碾钵碾，后放入干净纱布中挤压）制取果蔬汁（或加适量水匀浆），于 1 000 r/min 下离心 10 min，取上层清液，视维生素 C 含量及样液颜色确定稀释倍数（一般黄瓜需稀释约 100 倍，西红柿需稀释约 200 倍，季节、产地不同会影响测定结果）。

（6）试样的测定。以蒸馏水为参比，在 λ_{max} 处测定稀释后溶液的吸光度，并记录测定结果，在标准曲线上找出稀释后的果蔬汁中维生素 C 的含量。平行测定 3 次，并根据稀释倍数计算出相应果蔬汁中维生素 C 的含量。

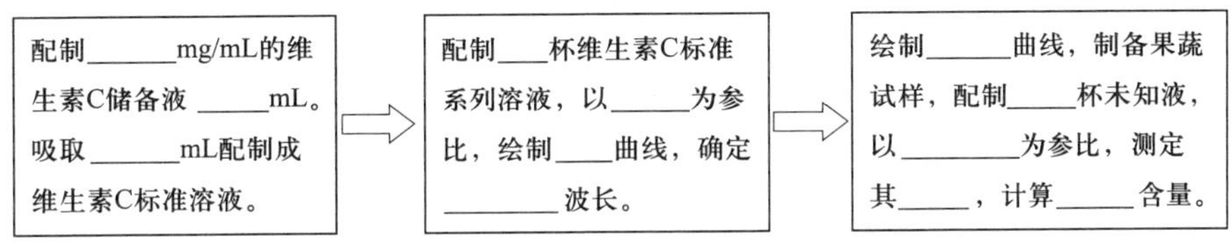

▼【数据记录】

维生素 C 标准工作溶液的制备	
称取维生素 C 的质量/g	
维生素 C 储备溶液的定容体积/mL	
维生素 C 储备溶液的浓度/（μg/mL）	
移取维生素 C 标准储备溶液的体积/mL	
维生素 C 标准溶液的定容体积/mL	
维生素 C 标准溶液的浓度/（μg/mL）	

维生素 C 标准曲线的绘制			
测定波长/nm			
内容	移取维生素 C 标准溶液体积/mL	标准系列溶液浓度/（μg/mL）	吸光度 *A*
1			
2			
3			
4			
5			
6			
7			
工作曲线线性	R =		

果蔬试液的稀释		
稀释次数	移取体积/mL	稀释后体积/mL
1		
2		
果蔬试样溶液的稀释倍数		

果蔬试液维生素 C 含量的测定			
内容	测定的吸光度	从标准曲线上直接得到的维生素 C 含量/（μg/mL）	果蔬中维生素 C 的实际含量/（μg/mL）
1			
2			
3			
果蔬试液吸光度值的极差			
果蔬试液中维生素 C 平均含量/（μg/mL）			

☯【结果计算】

请写出本次实训过程中溶液的配制、实验结果计算处理过程。

✍【结果评价】

评分内容	评分项	评判类型	评分指标	指标分数描述	配分	得分
实验准备（20 分）	个人健康、安全、仪器设备准备、溶液配制	测量	熟悉现场健康、安全和环境保护内容，写出相应措施	若实验操作正式开始前，未在报告纸上撰写相关内容，扣除所有分数；若内容缺项，按要点平均扣分	4	
		测量	全过程个人防护用品穿戴	若未按要求正确穿戴口罩、实验服、护目镜、手套等，扣除所有分数	2	
		测量	全过程无破碎玻璃器皿	如果不满足要求，扣除所有分数	2	
		测量	实验室器具贴标签	对于易混用玻璃器皿，若有一个未贴标签，扣除所有分数	2	
		测量	实验全过程干净整洁，无试剂溢出和洒落	如果不满足条件，扣除所有分数（去离子水可有些许洒落，须随手擦干）	2	
		测量	标签识读和试剂选用	如果不能正确识读和选用英文标识，导致药品试剂选择错误，扣除所有分数	2	
		测量	维生素 C 储备液的配制	如果物料计算错误或量取错误，扣除所有分数	3	
		测量	在专用容器中处理废弃物	如果未在专用容器中处理废弃物，扣除所有分数	3	

续表

评分内容	评分项	评判类型	评分指标	指标分数描述	配分	得分
实验操作（30分）	样品制备、含量测定、文明操作	测量	维生素C标准溶液的配制	配制方法正确，如果未按规范操作，每错1次扣除1分，直至扣完为止	2	
		测量	石英比色皿的配套一致性检验	如果未按规范操作，每错1次扣除1分，直至扣完为止	2	
		测量	分光光度计仪器操作	如果未按规范操作，每错1次扣除1分，直至扣完为止	2	
		测量	果蔬试样的制备	如果未按规范操作，扣除所有分数	3	
		测量	测定波长的确定	波长范围（200～350 nm）选择正确，测量波长选择正确，如果未按规范操作，扣除所有分数	2	
		测量	标准工作曲线的绘制	正确配制标准系列溶液，其吸光度大部分在0.2～0.8（≥4个点），如果未按规范操作，每错1次扣除1分，直至扣完为止	5	
		测量	果蔬试样含量的测定	果蔬试液的稀释方法正确，试液吸光度在工作曲线范围内，如果未按规范操作，每错1次扣除1分，直至扣完为止	4	
		测量	原始数据记录	原始数据记录及时，须用规范纸张记录，规范改正数据，不缺项	3	
		测量	重大操作失误	存在重配溶液、重测行为，扣除所有分数	3	
		评判	工作场地组织和管理	工作场地混乱，玻璃仪器、试剂用完后未及时归位（未做完实验得0分）	1	
				工作场地有序，玻璃仪器、试剂用完后及时归位，个别仪器未及时归位	2	
				工作场地管理规范有序，所有玻璃仪器、试剂及时归位	3	
				工作场地管理规范有序，所有玻璃仪器、试剂及时归位且使用了其他的高效工作场地管理方法	4	
结果报告（50分）	数据处理、撰写报告	测量	工作曲线线性r	$r \geq 0.999\,995$，不扣分；$0.999\,995 > r \geq 0.999\,99$，扣2分；$0.999\,99 > r \geq 0.999\,95$，扣4分；$0.999\,95 > r \geq 0.999\,9$，扣6分；$0.999\,9 > r \geq 0.999\,5$，扣8分；$r < 0.999\,5$，扣10分	10	
		测量	数据处理和结果计算	计算公式不正确，计算错误，有效数字保留或修约不正确，扣除所有分数	2	

续表

<table>
<tr><th>评分内容</th><th>评分项</th><th>评判类型</th><th>评分指标</th><th>指标分数描述</th><th>配分</th><th>得分</th></tr>
<tr><td rowspan="6">结果报告（50 分）</td><td rowspan="6">数据处理、撰写报告</td><td>测量</td><td>样品测定的精密度</td><td>A 值相差≤0.001，不扣分；A 值相差=0.002，扣 2 分；A 值相差=0.003，扣 4 分；A 值相差=0.004，扣 6 分；A 值相差=0.005，扣 8 分；A 值相差>0.005，扣 10 分；未平行测定 3 次，不得分</td><td>10</td><td></td></tr>
<tr><td>测量</td><td>样品测定的准确度</td><td>|相对误差|≤0.25%，不扣分；0.25%<|相对误差|≤0.50%，扣 3 分；0.50%<|相对误差|≤0.75%，扣 6 分；0.75%<|相对误差|≤1.00%，扣 9 分；|相对误差|>1.00%，扣 12 分；未平行测定 3 次或精密度未得分，均不得分</td><td>12</td><td></td></tr>
<tr><td rowspan="4">评判</td><td rowspan="4">报告编制</td><td>报告数据项目不全，结构混乱，无结论</td><td>4</td><td></td></tr>
<tr><td>报告数据项目全面且有结论，工作流程不连贯，结构不完整</td><td>8</td><td></td></tr>
<tr><td>报告数据全面且有正确结论，结构完整，且工作流程清晰</td><td>12</td><td></td></tr>
<tr><td>报告数据全面且有正确结论，结构完整，工作流程清晰，且包含科学的论据和创新内容</td><td>16</td><td></td></tr>
<tr><td>合计</td><td colspan="4"></td><td>100</td><td></td></tr>
</table>

想一想 练一练

1. 除了本实验中的方法外，抗坏血酸还有哪些测定方法？

2. 用紫外分光光度法与用可见光分光光度法进行定量分析各有何优点？

3. 酸度对维生素 C 的最大吸收波长有何影响？

4. 通过实验测定，判断西红柿、黄瓜、苹果、西瓜 4 种蔬菜水果中维生素 C 的含量高低。

知识拓展

1. 试液取样量应经实验调整，以其吸光度在适宜的范围内为宜。

2. 维生素 C 水溶液最容易受氧化，要求现配现用。

3. 果蔬样品的前处理至关重要，偏磷酸、草酸能够较好地抑制维生素 C 的氧化酶，防止维生素 C 被氧化而起稳定作用。

对接世赛

1. 请结合本次实训，说明哪些健康与安全措施是必要的。

2. 请结合本次实训，说明需要哪些环境保护措施。

3. 撰写报告：请完成一份报告，内容包括实验过程中必须做好的健康、安全、环境保护措施，实验中的物料计算和过程记录、数据处理、结果的评价和问题分析。

4. 查阅相关专业英语资料，写出该任务实训中涉及的玻璃仪器、设备、化学试剂等的专业英语。

任务三　样品中铁含量的测定

任务书

某工厂要检测工业用水中的铁含量（国家标准规定 Fe% ≤0.004），评价其是否符合要求。假如你是工厂的一名分析人员，请帮忙检测并出具检测报告。

任务分析

本任务主要是用给定的仪器及试剂来测定铁样中的铁含量。内容包括制定磺基水杨酸紫外－可见分光光度法测定铁样中铁含量的测定实验方案、铁标准储备液和标准溶液的配制、比色皿的配套一致性检验、磺基水杨酸显色剂的选择、确定磺基水杨酸法测定铁样中铁含量的测定波长、标准系列溶液的配制、绘制磺基水杨酸法测定铁样的标准工作曲线、配制铁样溶液并进行测定、计算出给定铁样中铁含量、撰写并上交工作报告、实验室组织与管理等。具体任务如下：

①制定实训方案。

②列举实训中的健康与安全、环境保护措施。

③配制铁标准储备液和指定的实验试剂溶液。

④进行比色皿的配套一致性检验。

⑤选择磺基水杨酸显色剂。

⑥确定磺基水杨酸法测定铁含量的测定波长。

⑦绘制磺基水杨酸法测定铁的标准工作曲线。

⑧配制铁样溶液，测定样品中铁的含量。

⑨处理数据并撰写工作报告。

⑩实验室组织与管理。

注：铁的摩尔质量为 55.85 g/mol，十二水硫酸铁铵的摩尔质量为 482.25 g/mol。

学习目标

知识目标	能力目标	素质目标
1. 说出分光光度法测定铁含量的测定原理和方法； 2. 列举显色条件和测量条件的选择； 3. 说出分光光度计的基本构造和使用方法； 4. 讲述分光光度法定量方法和定性应用； 5. 列举实训中存在的健康与安全、环境保护措施	1. 制定磺基水杨酸紫外－可见分光光度法测定铁样中铁含量的测定实验方案； 2. 配制指定的实验试剂溶液； 3. 展示铁标准储备液（约800 μg/mL）和标准溶液（约80 μg/mL）的配制过程； 4. 操作比色皿的配套一致性检验； 5. 展示磺基水杨酸显色剂的选择方法； 6. 确定磺基水杨酸法测定铁样中铁含量的测定波长； 7. 展示标准系列溶液的配制过程； 8. 绘制磺基水杨酸法测定铁样的标准工作曲线； 9. 展示铁样溶液的配制过程； 10. 展示铁样溶液（约10 μg/mL）的测定； 11. 计算铁样中的铁含量； 12. 评价实训结果，展示工作报告	1. 遵守操作规程，爱惜仪器设备； 2. 营造规范、整洁、有序的工作环境； 3. 独立思考、发现问题、解决问题； 4. 提高安全意识、质量意识和环保意识； 5. 实验室组织与管理（8S 管理）

思政融入点

序号	授课内容	思政融入点
1	课前学生签到	签到守时，不能代签，让学生树立诚信意识，养成准时守纪的良好习惯
2	样品溶液中铁含量的测定原理及测定过程	节约环保意识、工匠精神、职业素养
3	学生分组自行设计配制铁标准储备液、铁标准溶液、标准系列溶液、未知含量铁溶液的方法	培养学生的安全意识和团队合作完成任务的能力
4	课堂上完成实验过程以及数据处理，在开始实验前认真计算，确定合理的器材和试剂用量	培养节约意识、环保意识
5	实验过程中规范操作，数据处理仔细严谨	发挥精益求精的工匠精神
6	实验结束后，认真整理实验室卫生	帮助学生树立正确的劳动态度，能够热爱劳动并且尊重他人的劳动成果
7	要求学生根据完成情况，思考问题出在哪里、记录学习成长过程	思考如何才能真正树立科学精神、职业精神、工匠精神，培养爱国情怀、国际化视野

知识平台

铁是人体必需的元素之一，体内的铁与血红蛋白的合成密切相关，是人体内的重要元素。化工产品、食品、饮用水和工业污水等试样中都含有微量铁，可用分光光度法加以测定。测定微量铁的方法有多种，如磺基水杨酸法、硫氰酸盐法和邻二氮菲法等。

成人体内有 4 ~5 g 铁，其中 72% 以血红蛋白、3% 以肌红蛋白形式存在，其余为储备铁。储备铁约占 25%，主要以铁蛋白的形式储存在肝、脾和骨髓中。铁是红细胞成熟过程中合成血红蛋白必不可少的原料，在代谢过程中可反复被利用。经常饮用大量的红茶和咖啡会阻碍铁的吸收。

用铁锅炒菜易于铁的吸收。补铁制剂应在饭后服用，忌牛奶与铁剂同时服用。蔬菜水果中富含维生素 C、柠檬酸及苹果酸，这类有机酸可与铁形成络合物，从而增加铁在肠道内的溶解度，有利于铁的吸收。猪、牛、羊等红色的肉是儿童补充铁锌最好的食物。

》任务实施

★【采用标准】

《化学试剂　标准滴定溶液的制备》（GB/T 601—2016）、《制盐工业通用检测方法　铁的测定》（QB/T 4444—2012）

●【方法原理】

$$3\ \mathrm{HOC_6H_3(COOH)SO_3H} + FeCl_3 + 6NH_4OH \xrightarrow{pH = 8\sim10} (NH_4)_3\left[\left(\mathrm{O(Fe)C_6H_3(COO)SO_3H}\right)_3\right] + 3NH_4Cl + 6H_2O$$

分光光度法是基于物质对光的吸收。在碱性介质（pH 8 ~ 10）中，磺基水杨酸与 Fe^{3+} 生成黄色配合物，在最大吸收波长处，以试剂空白作参比，测量样品的吸光度。

▲【仪器试剂】

仪器和试剂		准备情况
主要仪器	电子天平 1 台、紫外 – 可见分光光度计 1 台、石英比色皿（1 cm）2 块、100 mL 容量瓶 15 个、250 mL 容量瓶 1 个、10 mL 吸量管 3 支	
试剂	十二水硫酸铁铵、25% 的硫酸溶液、1，10 – 菲啰啉、磺基水杨酸、2.0 mol/L 氯化铵溶液、氨水、未知铁试液	

◆【任务操作】

1. 配制指定的实验试剂溶液

根据现场提供的试剂，按要求配制 13% 的氨水 50 mL。

2. 铁标准储备液的配制

用十二水硫酸铁铵配制一定浓度的铁标准储备液 250 mL，并将其稀释为合适浓度的铁标准工作溶液。

3. 比色皿的配套性检验

按照《玻璃比色皿》（GB/T 26791—2011）中的方法进行比色皿的配套一致性检验。

4. 磺基水杨酸显色剂的选择

在 210 ~ 360 nm 范围内，绘制所给定显色剂的吸收曲线，从中找出符合要求的物质作为试液显色所用的显色剂。

5. 确定磺基水杨酸法测铁的最大吸收波长

移取适量含铁溶液置于 100 mL 容量瓶中，加入 4 mL 氯化铵溶液、10 mL 磺基水杨酸溶液，用氨水调整溶液 pH 值为 9.0 ~ 11.0，用水稀释至刻度，摇匀，放置不少于 10 min。在 350 ~ 600 nm 范围内绘制吸收曲线，确定定量测定波长。

6. 绘制磺基水杨酸法测定铁样的标准工作曲线

分别移取不同体积的铁标准工作溶液于 7 个 100 mL 容量瓶中，按照上述选择的显色剂和显色方法进行显色，配制标准系列溶液，在定量测定波长处，以试剂空白为参比，测定吸光度，并绘制工作曲线。

7. 测定给定铁样中的铁含量

根据工作曲线和试液中铁的浓度范围，确定未知铁试样的稀释倍数。准确移取一定量的未知铁试液于 100 mL 容量瓶中，在相同条件下分别进行显色，测定稀释溶液的吸光度，由工作曲线和试液的稀释倍数计算未知铁试样中铁的含量。试液平行测定 3 次。

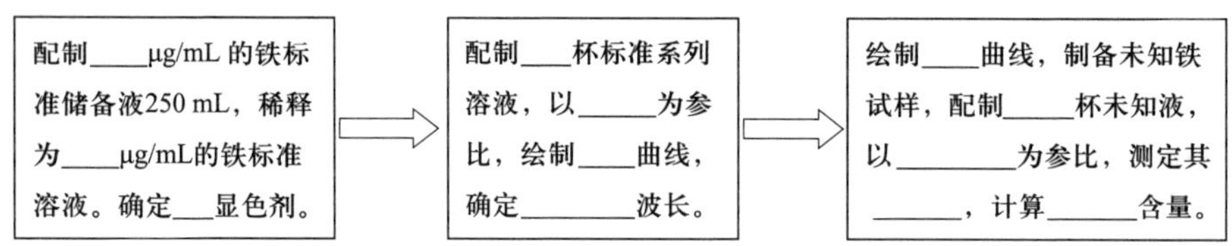

▼【数据记录】

铁标准工作溶液制备	
称取的十二水硫酸铁铵的质量/g	
铁标准储备溶液的定容体积/mL	
铁标准储备溶液的浓度/（μg/mL）	
移取铁标准储备溶液体积/mL	
铁标准工作溶液的定容体积/mL	
铁标准工作溶液的实际浓度/（μg/mL）	

磺基水杨酸显色剂选择	
磺基水杨酸显色剂溶液编号	
说明：磺基水杨酸的最大吸收波长为 235.0 nm	

磺基水杨酸法测铁标准曲线绘制			
测定波长/nm			
内容	移取铁工作溶液体积/mL	标准系列溶液浓度/（μg/mL）	吸光度 A
1			

续表

内容	移取铁工作溶液体积/mL	标准系列溶液浓度/（μg/mL）	吸光度 A
2			
3			
4			
5			
6			
7			
工作曲线线性	$R=$		

待测试液的稀释		
稀释次数	移取体积/mL	稀释后体积/mL
1		
2		
铁试样溶液的稀释倍数		

待测试液铁含量的测定			
内容	测定的吸光度	从标准曲线上直接得到的铁含量/（μg/mL）	待测试液中铁实际含量/（μg/mL）
1			
2			
3			
待测试液吸光度值的极差			
待测试液的铁平均含量/（μg/mL）			

【结果计算】

请写出本次实训过程中溶液的配制、实验结果计算处理过程。

【结果评价】

评分内容	评分项	评判类型	评分指标	指标分数描述	配分	得分
实验准备（20分）	个人健康、安全、仪器设备准备、溶液配制	测量	熟悉现场健康、安全和环境保护内容，写出相应措施	若实验操作正式开始前，未在报告纸上撰写相关内容，扣除所有分数；若内容缺项，按要点平均扣分	4	
		测量	全过程个人防护用品穿戴	若未按要求正确穿戴口罩、实验服、护目镜、手套等，扣除所有分数	2	
		测量	全过程无破碎玻璃器皿	如果不满足要求，扣除所有分数	2	
		测量	实验室器具贴标签	对于易混用玻璃器皿，若有一个未贴标签，扣除所有分数	2	

续表

评分内容	评分项	评判类型	评分指标	指标分数描述	配分	得分
实验准备（20分）	个人健康、安全、仪器设备准备、溶液配制	测量	实验全过程干净整洁，无试剂溢出和洒落	如果不满足条件，则扣除所有分数（去离子水可有些许洒落，须随手擦干）	2	
		测量	标签识读和试剂选用	如果不能正确识读和选用英文标识，导致药品试剂选择错误，扣除所有分数	2	
		测量	13%的氨水配制	如果物料计算错误或量取错误，扣除所有分数	3	
		测量	在专用容器中处理废弃物	如果未在专用容器中处理废弃物，扣除所有分数	3	
实验操作（29分）	样品制备、含量测定、文明操作	测量	铁标准储备液的配制	配制方法正确，配制时加入少量硫酸溶液，如果未按规范操作，每错1次扣除1分，直至扣完为止	2	
		测量	铁标准工作液的配制	配制方法正确，如果未按规范操作，每错1次扣除1分，直至扣完为止	2	
		测量	石英比色皿的配套一致性检验	如果未按规范操作，每错1次扣除1分，直至扣完为止	2	
		测量	分光光度计仪器操作	如果未按规范操作，每错1次扣除1分，直至扣完为止	2	
		测量	磺基水杨酸显色剂的选择	如果未按规范操作或显色剂选择错误，每错1次扣除1分，直至扣完为止	3	
		测量	测定波长的确定	波长范围（350～600 nm）选择正确，测量波长选择正确，如果未按规范操作，每错1次扣除1分，直至扣完为止	2	
		测量	标准工作曲线的绘制	正确配制标准系列溶液，其吸光度大部分在0.2～0.8（≥4个点），如果未按规范操作，每错1次扣除1分，直至扣完为止	3	
		测量	未知铁试样含量的测定	未知溶液的稀释方法正确，试液吸光度在工作曲线范围内，如果未按规范操作，每错1次扣除1分，直至扣完为止	3	
		测量	原始数据记录	原始数据记录及时，须用规范纸张记录，规范改正数据，不缺项	3	
		测量	重大操作失误	存在重配溶液、重测行为，扣除所有分数	3	
		评判	工作场地组织和管理	工作场地混乱，玻璃仪器、试剂用完后未及时归位（未做完实验得0分）	1	
				工作场地有序，玻璃仪器、试剂用完后及时归位，个别仪器未及时归位	2	
				工作场地管理规范有序，所有玻璃仪器、试剂及时归位	3	
				工作场地管理规范有序，所有玻璃仪器、试剂及时归位且使用了其他的高效工作场地管理方法	4	

续表

评分内容	评分项	评判类型	评分指标	指标分数描述	配分	得分
结果报告（51 分）	数据处理、撰写报告	测量	工作曲线线性 r	$r \geq 0.999\,995$，不扣分；$0.999\,995 > r \geq 0.999\,99$，扣 2 分；$0.999\,99 > r \geq 0.999\,95$，扣 4 分；$0.999\,95 > r \geq 0.999\,9$，扣 6 分；$0.999\,9 > r \geq 0.999\,5$，扣 8 分；$r < 0.999\,5$，扣 10 分	10	
		测量	数据处理和结果计算	计算公式不正确，计算错误，有效数字保留或修约不正确，则扣除所有分数	3	
		测量	样品测定的精密度	A 值相差 ≤ 0.001，不扣分；A 值相差 $= 0.002$，扣 2 分；A 值相差 $= 0.003$，扣 4 分；A 值相差 $= 0.004$，扣 6 分；A 值相差 $= 0.005$，扣 8 分；A 值相差 > 0.005，扣 10 分；未平行测定 3 次，不得分	10	
		测量	样品测定的准确度	$\lvert$相对误差$\rvert \leq 0.25\%$，不扣分；$0.25\% <$ $\lvert$相对误差$\rvert \leq 0.50\%$，扣 3 分；$0.50\% <$ $\lvert$相对误差$\rvert \leq 0.75\%$，扣 6 分；$0.75\% <$ $\lvert$相对误差$\rvert \leq 1.00\%$，扣 9 分；$\lvert$相对误差$\rvert > 1.00\%$，扣 12 分；未平行测定 3 次或精密度未得分，均不得分	12	
		评判	报告编制	报告数据项目不全，结构混乱，无结论	4	
				报告数据项目全面且有结论，工作流程不连贯，结构不完整	8	
				报告数据全面且有正确结论，结构完整，且工作流程清晰	12	
				报告数据全面且有正确结论，结构完整，工作流程清晰，且包含科学的论据和创新内容	16	
合计					100	

想一想 练一练

1. 在吸光度的测量中，为了减小误差，应将吸光度控制在什么范围？
2. 为什么待测溶液与标准溶液的测定条件要一致？
3. 请简要描述 1，10 - 菲啰啉、磺基水杨酸这两种铁含量测定方法原理的异同。
4. 用分光光度法定量分析样品时，如何选择入射光波长 λ？
5. 结合本次实训，分析线性 R 值不理想、偏离朗伯 - 比尔定律的原因有哪些。

知识拓展

1. 比色皿的使用中，每更换一次试液浓度，比色皿都要洗干净。

2. 用磺基水杨酸法测定 Fe^{3+}，在 pH = 10 时形成的配合物比较稳定，且不轻易受干扰，所以在 pH = 9 ~ 11.5 下测定黄色 3:1 配位比的产物，pH 值对测定成败很关键。

3. 在 pH = 9 ~ 11.5 下，Fe^{3+} 与磺基水杨酸反应生成三磺基水杨酸铁黄色配合物，试剂用量及溶液酸度略有改变都无影响。Ca^{2+}、Mg^{2+}、Al^{3+} 等与磺基水杨酸能生成无色配合物，在显色剂过量时，不干扰测定。F^-、NO_3^-、PO_4^{3-} 等离子对测定无影响。Cu^{2+}、Co^{2+}、Ni^{2+}、Cr^{3+} 等离子大量存在时干扰测定。由于 Fe^{2+} 在碱性溶液中易被氧化，所以测定的铁实际上是溶液中铁的总含量。

对接世赛

1. 请结合本次实训，说明哪些健康与安全措施是必要的。

2. 请结合本次实训，说明需要哪些环境保护措施。

3. 撰写报告：请完成一份报告，内容包括实验过程中必须做好的健康、安全、环境保护措施，实验中的物料计算和过程记录、数据处理、结果的评价和问题分析。

4. 查阅相关专业英语资料，写出该任务实训中涉及的玻璃仪器、设备、化学试剂等的专业英语。

考核任务　分光光度法测定样品中混合金属组分含量

一、健康与安全

请根据试题要素描述本项目中涉及的可能对本人及他人造成伤害的因素。

二、环境保护

请列出实验过程中可能产生的环境污染及相应的处置措施。

三、原理

分光光度法的原理是基于物质对光的选择性吸收。当混合金属 Co^{2+} 盐和 Cr^{3+} 盐的吸收光谱互相重叠但又服从吸收定律时，可根据吸光度在 Co^{2+} 和 Cr^{3+} 最大吸收波长 λ_1 和 λ_2 处测定 $A_{\lambda_1}^{Co+Cr}$、$A_{\lambda_2}^{Co+Cr}$，解联立方程式，即可计算 Co^{2+} 和 Cr^{3+} 的含量。

$$A_{\lambda_1}^{Co+Cr} = K_{\lambda_1}^{Co} \cdot b \cdot c_{c_o} + K_{\lambda_1}^{Cr} \cdot b \cdot c_{c_r} \qquad A_{\lambda_2}^{Co+Cr} = K_{\lambda_2}^{Co} \cdot b \cdot c_{c_o} + K_{\lambda_2}^{Cr} \cdot b \cdot c_{c_r}$$

式中　$A_{\lambda_1}^{Co+Cr}$、$A_{\lambda_2}^{Co+Cr}$——分别在波长 λ_1 和 λ_2 处测出的试样的吸光度；

$K_{\lambda_1}^{Co}$、$K_{\lambda_1}^{Cr}$——分别为 Co^{2+} 和 Cr^{3+} 在波长 λ_1 处的吸光系数；

$K_{\lambda_2}^{Co}$、$K_{\lambda_2}^{Cr}$——分别为 Co^{2+} 和 Cr^{3+} 在波长 λ_2 处的吸光系数；

c_{c_o}、c_{c_r}——分别为试样中 Co^{2+} 和 Cr^{3+} 的含量；

b——比色皿厚度。

四、考核目标

1. 溶液的配制。
2. 比色皿差异性检验。
3. 吸光系数的测定。
4. 样品中的钴和铬含量测定。
5. 报告。

五、设备、 试剂与溶液

电子天平，精确到 0.1 mg； 紫外－可见分光光度计； 石英比色皿； 其他实验辅助设备	各种规格的容量瓶； 各种规格的刻度吸量管； 各种规格的移液管； 各种规格的烧杯； 玻璃棒、滴管、洗瓶、洗耳球、移液管架	$Co(NO_3)_2 \cdot 6H_2O$，GR； $Cr(NO_3)_3 \cdot 9H_2O$，GR； $K_2Cr_2O_7$，基准试剂； 样品：Co^{2+}（20～30 g/L）、Cr^{3+}（5～15 g/L）； 去离子水

部分化合物的摩尔质量	
分子式	摩尔质量/（g/mol）
$Co(NO_3)_2 \cdot 6H_2O$	291.05
$Cr(NO_3)_3 \cdot 9H_2O$	400.15
$K_2Cr_2O_7$	294.18

部分元素的相对原子质量	
元素符号	相对原子质量
Co	58.93
Cr	51.996

六、实验

1. 溶液制备

①配制 30 μg/mL $K_2Cr_2O_7$溶液。

②配制 $Co(NO_3)_2$标准工作溶液。

③配制 $Cr(NO_3)_3$标准工作溶液。

2. 比色皿差异性检验

在一组比色皿中加入浓度为 30 μg/mL 的 $K_2Cr_2O_7$溶液，在 540 nm 处以透光率最大的比色皿为参比，测定比色皿之间的差异性。

3. 组分最大吸收波长的确定

以适宜浓度的 $Co(NO_3)_2$和 $Cr(NO_3)_3$标准工作溶液，以去离子水为参比，在 500 ~ 650 nm扫描组分的吸收光谱，确定 Co^{2+}和 Cr^{3+}最大吸收波长 λ_1和 λ_2。

4. 绘制工作曲线

以去离子水为参比，在 λ_1和 λ_2处分别测定 $Co(NO_3)_2$和 $Cr(NO_3)_3$系列标准工作溶液（除零点外 6 个及以上点）的吸光度，并绘制相应的工作曲线。

5. 样品的分析

根据试题提供的样品浓度范围配制样品测量溶液，在 λ_1和 λ_2处测定溶液吸光度。

平行测定 2 次。

七、计算

1. 根据测定的数据解联立方程式，计算样品中的 Co^{2+}和 Cr^{3+}的质量浓度，保留四位有效数字。

2. 计算测定结果的相对相差，数据保留小数点后两位。

对接世赛

1. 请结合本次实训，说明哪些健康与安全措施是必要的。

2. 请结合本次实训，说明需要哪些环境保护措施。

3. 撰写报告：请完成一份报告，内容包括实验过程中必须做好的健康、安全、环境保护措施，实验中的物料计算和过程记录、数据处理、结果的评价和问题分析。

4. 查阅相关专业英语资料，写出该任务实训中涉及的玻璃仪器、设备、化学试剂等的专业英语。

八、报告

请以电子版完成并上交一份工作报告，内容包括 HSE、溶液的配制、实验的过程、实验结果的计算、实验结论等。

注：请打印样品吸收光的谱图、标准工作曲线及测定样品中组分含量的原始数据的图表附于报告后作为附页。

✍【结果评价】

评分项	评判类型	评分指标	指标分数描述	配分	得分
工作场地管理、设备及试剂准备（24 分）	测量	熟知 HSE 要求	开始实验前未完成 HSE 描述，扣除全部分数	2	
	测量	个人安全防护	实验全程未佩戴口罩、未正确使用护目镜和正确使用手套，扣除全部分数	2	
	测量	无试剂洒出	不符合，扣除全部分数	2	
	测量	无仪器、设备损坏	不符合，扣除全部分数	2	
	测量	贴置标签	至少一个玻璃仪器未贴标签，扣除全部分数	2	
	测量	制备重铬酸钾溶液	称量、溶解、定容操作不规范及浓度（28.5～31.5 μg/mL）不在指定范围内，扣除全部分数	2	
	测量	仪器准备	未进行分光光度计的预热 20 min、配置的计算机未进行运行状态检查，扣除全部分数	4	
			未进行比色皿配套检验的，扣除全部分数	2	
	评判	工作场地组织和管理	工作场地混乱，玻璃仪器、试剂用完后未及时归位（未做完实验得 0 分）	1	
			工作场地有序，玻璃仪器、试剂用完后及时归位，个别仪器未及时归位	2	
			工作场地管理规范有序，所有玻璃仪器、试剂及时归位	3	
			工作场地管理规范有序，所有玻璃仪器、试剂及时归位且使用了其他的高效工作场地管理方法	4	
	测量	废液处理	如未将废液按规定处理，扣除所有分数	2	
实验技能（20 分）	测量	配制 $Co(NO_3)_2$ 标准工作溶液	未正确计算并配制标准工作溶液，扣除所有分数	3	
	测量	配制 $Cr(NO_3)_3$ 标准工作溶液	未正确计算并配制标准工作溶液，扣除所有分数	3	
	测量	确定被测组分最大吸收波长	未进行最大吸收波长选择，扣除所有分数	2	

续表

评分项	评判类型	评分指标	指标分数描述	配分	得分
实验技能（20分）	测量	样品测定过程	标准曲线除空白外未达到6个点，扣除所有分数	2	
			曲线中的点的吸光度在0.2～0.8少于3个点，扣除所有分数	2	
			样品吸光度超出标准曲线线性范围，扣除所有分数	2	
	测量	完成样品测定	未完成流程进行平行测定，扣除所有分数	6	
结果的处理、分析与记录（56分）	测量	报告单项目齐全	项目单不齐全，扣除所有分数	4	
	测量	正确记录原始数据	未正确保留有效数字并按有效数字规则进行计算，扣除所有分数（先修约后计算，保留四位有效数字）	2	
			擅自涂改数据，扣除所有分数	2	
	测量	浓度计算过程	一个样品的浓度未计算，扣除所有分数	2	
			未计算平均值，扣除所有分数	2	
	测量	工作曲线线性 r	$r \geq 0.999\ 995$，不扣分；$0.999\ 995 > r \geq 0.999\ 99$，扣1分；$0.999\ 99 > r \geq 0.999\ 95$，扣3分；$0.999\ 95 > r \geq 0.999\ 9$，扣5分；$0.999\ 9 > r \geq 0.999\ 5$，扣7分；$r < 0.999\ 5$，扣9分	9	
	测量	样品测定的精密度	|相对相差| ≤0.40%，不扣分；0.40% < |相对相差| ≤0.80%，扣1分；0.80% < |相对相差| ≤1.20%，扣3分；1.20% < |相对相差| ≤1.60%，扣5分；1.60% < |相对相差| ≤2.00%，扣7分；|相对相差| > 2.00%，扣9分	9	
	测量	样品测定的准确度（如果精密度没有分，将不计准确度的分值）	|相对误差| ≤0.50%，不扣分；0.50% < |相对误差| ≤1.00%，扣3分；1.00% < |相对误差| ≤1.50%，扣6分；1.50% < |相对误差| ≤2.00%，扣9分；2.00% < |相对误差| ≤2.50%，扣12分；2.50% < |相对误差| ≤3.00%，扣15分；|相对误差| > 3.00%，扣18分	18	
	评判	报告质量	报告数据项目不全，结构混乱，无结论	2	
			报告数据项目全面且有结论，工作流程不连贯，结构不完整	4	
			报告数据全面且有正确结论，结构完整，且工作流程清晰	6	
			报告数据全面且有正确结论，结构完整，工作流程清晰，且包含科学的论据和创新内容	8	
合计				100	

项目七

原子吸收分光光度法操作技能实训

项目描述

原子吸收分光光度法（AAS）简称原子吸收法，是利用被测元素基态原子蒸气对其共振辐射线的吸收特性进行元素定量分析的方法。原子吸收分析是一种快速定量分析方法，它具有如下优点：

1. 灵敏度高

常规分析法对大多数元素可达到 ppm 级，利用特殊手段可达到 ppb 级的浓度范围。

2. 精密度好

一般测定 RSD 为 1% ~3%，利用特殊方法精密度可小于 1%。

3. 应用范围广

周期表中 70 多种元素可利用该法测定。

4. 干扰少

原子吸收光谱为锐线光谱，且谱线重叠性和干扰性小。

5. 试样用量少

采用石墨炉无火焰原子吸收法，每次测量仅需 5 ~ 20 μL 试液或 0.05 ~ 10 mg 的固体试样。

6. 快速简便，易于自动化

液体试样常可直接进样，一般样品无须进行预分离处理，新型号商品仪器的进样和测定步骤全部自动化完成。

本项目通过操作技能训练，使学生熟悉原子吸收分光光度计和软件的使用，掌握操作技能要点，理解原子吸收分光光度法的基本知识，了解储备液和标准溶液的配制以及标准曲线的制作、化妆品中铅含量的测定、工业废水中铜含量的测定、食品中锌含量的测定、样品中铅含量的测定等知识，会进行相关的操作和计算，会对检测结果作出评价并出具检验报告。

任务一　化妆品中铅含量的测定

任务书

公司新出品了一批美白产品，要对其重金属铅含量进行分析。请利用原子吸收分光光度法测定其含量，出具检验结果报告单。

任务分析

化妆品是我们日常生活中必不可少的日用品。由于化妆品直接用于人体的皮肤，所以化妆品的质量要严格把关。

本任务主要是用给定的仪器及试剂测定化妆品中铅的含量，从而判断产品是否合格。具体内容包括：

①制定实训方案。

②列举实训中的健康与安全、环境保护措施。

③配制指定的实验试剂溶液。

④制备标准系列溶液和铅试液。

⑤测定铅的含量。

⑥处理数据并撰写工作报告。

⑦实验室组织与管理。

学习目标

知识目标	能力目标	素质目标
1. 讲述化妆品的种类及作用； 2. 说出化妆品中铅含量的最大限度及铅超标对人体的危害； 3. 说出化妆品试样测量铅含量前处理的方法； 4. 说出原子吸收仪的主要部件及各部件的作用； 5. 解释原子吸收分光光度法测定铅含量的原理和步骤； 6. 列举实训中存在的健康与安全、环境保护措施	1. 制定化妆品中铅含量测定的实验方案； 2. 示范原子吸收分光光度计的调试和使用； 3. 配制指定的实验试剂溶液； 4. 展示标准系列溶液和铅试液的配制过程； 5. 展示原子吸收分光光度法测定铅含量的过程； 6. 计算化妆品中铅的含量； 7. 评价实验结果，展示工作报告	1. 遵守操作规程，爱惜原子吸收分光光度计等仪器设备； 2. 营造规范、整洁、有序的工作环境； 3. 独立思考、发现问题、解决问题； 4. 提高安全意识、质量意识和环保意识； 5. 实验室组织与管理（8S 管理）

思政融入点

序号	授课内容	思政融入点
1	学生签到	世界观、人生观、价值观教育
2	化妆品的发明及作用	学习先辈探索未知事物的科学精神
3	化妆品的发展史	文化自信、我国五千年的悠久历史
4	化妆品中铅的危害	诚信精神、责任意识、职业道德
5	铅含量的检验	规范意识、标准意识、安全意识、责任意识、成本意识、节约意识、环保意识、竞争意识、团队合作精神、工匠精神、职业素养等
6	实训结束工作	职业素养、劳动精神、环保意识

知识平台

化妆品是指以涂抹、喷洒或者其他类似方法，散布于人体表面的任何部位，如皮肤、毛发、指（趾）甲、唇齿等，以达到清洁、保养、美容、修饰和改变外观，或者修正人体气味，保持良好状态等目的的化学工业品或精细化工产品。

化妆品按用途可分为以下几类。

肤用化妆品：指面部及皮肤用化妆品，如各种面霜、浴剂等。

发用化妆品：指头发专用化妆品，如香波、摩丝、喷雾发胶等。

美容化妆品：主要指面部美容产品，也包括指甲、头发的美容品。

特殊功能化妆品：指添加有特殊作用药物的化妆品。

随着生活水平的提高，人们对化妆品品质的要求也越来越高。

任务实施

★【采用标准】

《化学试剂 标准滴定溶液的制备》（GB/T 601—2016）、《化妆品安全技术规范（2022年版）》

●【方法原理】

试样经预处理，铅以离子状态存在于试液中。试液中铅离子被原子化后，基态原子吸收来自铅空心阴极灯发出的共振线，其吸收量与试样中的铅含量成正比。在其他条件不变的情况下，根据测量被吸收后的谱线强度，与标准系列比较，可以进行定量分析。

▲【仪器试剂】

仪器和试剂		准备情况
主要仪器	原子吸收分光光度计、铅空心阴极灯、电子天平 10 mg、智能微波消解仪、恒温电加热器、电子分析天平 0.1 mg、高压钢瓶系统、10 mL 吸量管 3 支、1 mL 吸量管 1 支、10 mL 容量瓶 9 个、聚四氟乙烯烧杯 4 个	
试剂	化妆品试样、优级纯硝酸（ρ_{20} = 1.42 g/mL）、过氧化氢［ω（H_2O_2） = 30%］、纯度为 99.99% 金属铅	

◆【任务操作】

1. 配制指定的实验试剂溶液

根据现场提供的试剂，按要求配制硝酸溶液（1∶1）200 mL。

2. 铅标准储备溶液［ρ（Pb）=1 g/L］的配制

准确称取纯度为99.99%的金属铅1.000 g，加入硝酸溶液（1∶1）20 mL，加热使之溶解，移入1 L容量瓶中，用水稀释至刻度。

3. 铅标准中间溶液［ρ（Pb）=100 mg/L］的配制

取铅标准储备溶液10.00 mL置于100 mL容量瓶中，加硝酸溶液（1∶1）2 mL，用水稀释至刻度。

4. 铅标准工作溶液［ρ（Pb）=10 mg/L］的配制

取铅标准中间溶液10.00 mL置于100 mL容量瓶中，加硝酸溶液（1∶1）2 mL，用水稀释至刻度。

5. 试样预处理

准确称取混匀试样0.5～1 g置于清洗好的聚四氟乙烯烧杯内。含乙醇等挥发性原料的化妆品如香水、摩丝、沐浴液、染发剂、精华素、刮胡水、面膜等，先放入温度可调的100 ℃恒温电加热器上挥发（不得蒸干）。油脂类和膏粉类等干性物质，如唇膏、睫毛膏、眉笔、胭脂、唇线笔、粉饼、眼影、爽身粉、痱子粉等，取样后先加水0.5～1.0 mL，润湿摇匀。

根据试样消解难易程度，试样或经预处理的试样先加入硝酸2.0～3.0 mL，静置过夜，充分作用。然后再依次加入过氧化氢1.0～2.0 mL，将烧杯晃动几次，使试样充分浸没。放入温度可调的恒温电加热器中，于100 ℃加热20 min取下，冷却。如溶液的体积不到3 mL，则补充水。同时，应严格按照微波溶样系统操作手册进行操作。

把装有试样的烧杯放进预先准备好的干净的高压密闭溶样罐中，拧上罐盖（注意不要拧得过紧）。

根据试样消解难易程度，过5～20 min试样消解完毕后，取出冷却、开罐，将消解好的含试样的烧杯放入沸水浴或温度可调的100 ℃电加热器中数分钟，驱除试样中多余的氮氧化物，以免干扰测定。

将试样移至10 mL容量瓶中，用水洗涤烧杯数次，合并洗涤液，用水定容至10 mL，备用。

平行制备3份，同时制备空白试样。

6. 测定

移取铅标准工作溶液0.00 mL、0.50 mL、1.00 mL、2.00 mL、4.00 mL、6.00 mL，分别置于10 mL容量瓶中，加水至刻度。按仪器操作程序，将仪器的分析条件调至最佳状态。在扣除背景吸收下，分别测定校准曲线系列、空白和试样溶液。如试样溶液中铁含量超过铅含量100倍，不宜采用氘灯扣除背景法，应采用塞曼效应扣除背景法。绘制浓度－吸光度曲线，计算试样中铅的含量（以 μg/g 计）。

▼【数据记录】

序号	1	2	3	4	5	6
移取铅标准工作溶液的体积/mL						
铅标准工作溶液的浓度/（mg/L）						
吸光度 A						
回归方程						
线性系数 R						

测定项目	1	2	3
称取混匀试样的质量/g			
定容的体积/mL			
吸光度 A			
试样中铅的浓度/（mg/L）			
试样中铅含量/（μg/g）			
试样中铅含量平均值/（μg/g）			
空白溶液中铅的浓度/（mg/L）			
平行测定结果的相对极差/%			

☯【结果计算】

$$\omega(\mathrm{Pb}) = \frac{(\rho_1 - \rho_0) \times V}{m}$$

式中　$\omega(\mathrm{Pb})$——试样中铅的质量分数，μg/g；

ρ_1——测试溶液中铅的质量浓度，mg/L；

ρ_0——空白溶液中铅的质量浓度，mg/L；

V——试样溶液总体积，mL；

m——试样取样量，g。

✍【结果评价】

评分内容	评分项	评判类型	评分指标	指标分数描述	配分	得分
实验准备（20 分）	个人健康、安全、仪器设备准备、溶液配制	测量	熟悉现场健康、安全和环境保护内容，写出相应措施	若实验操作正式开始前，未在报告纸上撰写相关内容，扣除所有分数；若内容缺项，按要点平均扣分	4	
		测量	全过程个人防护用品穿戴	若未按要求正确穿戴口罩、实验服、护目镜、手套等，扣除所有分数	2	
		测量	全过程无破碎玻璃器皿	如果不满足要求，扣除所有分数	2	
		测量	实验室器具贴标签	对于易混用玻璃器皿，若有一个未贴标签，扣除所有分数	2	

续表

评分内容	评分项	评判类型	评分指标	指标分数描述	配分	得分
实验准备（20分）	个人健康、安全、仪器设备准备、溶液配制	测量	实验全过程干净整洁，无试剂溢出和洒落	如果不满足条件，扣除所有分数（去离子水可有些许洒落，须随手擦干）	2	
		测量	标签识读和试剂选用	如果不能正确识读和选用英文标识，导致药品试剂选择错误，扣除所有分数	2	
		测量	各种铅标准溶液的配制	如果物料计算错误或称量错误，扣除所有分数	3	
		测量	在专用容器中处理废弃物	如果未在专用容器中处理废弃物，扣除所有分数	3	
实验操作（25分）	试样制备、含量测定、文明操作	测量	试样预处理	如果未按规范操作，每错1次扣除1分，直至扣完为止	3	
		测量	原子吸收仪：开机	如果未按规范操作，每错1次扣除1分，直至扣完为止	3	
		测量	原子吸收仪：检测	如果未按规范操作，每错1次扣除1分，直至扣完为止	3	
		测量	原子吸收仪：关机	如果未按规范操作，每错1次扣除1分，直至扣完为止	3	
		测量	试样分析：空白试验	如果未做空白试验，扣除所有分数	2	
		测量	原始数据记录	原始数据记录及时，须用规范纸张记录，规范改正数据，不缺项	2	
		测量	仪器设备使用记录	没有填写使用记录，扣除所有分数	2	
		测量	重大操作失误	存在先关火、再关乙炔行为，扣除所有分数	3	
		评判	工作场地组织和管理	工作场地混乱，玻璃仪器、试剂用完后未及时归位（未做完实验得0分）	1	
				工作场地有序，玻璃仪器、试剂用完后及时归位，个别仪器未及时归位	2	
				工作场地管理规范有序，所有玻璃仪器、试剂及时归位	3	
				工作场地管理规范有序，所有玻璃仪器、试剂及时归位且使用了其他的高效工作场地管理方法	4	
结果报告（55分）	数据处理、撰写报告	测量	数据处理	计算过程及结果不正确，扣除该项的所有分数	4	
		测量	有效数字保留与修约	如果有效数字保留或修约不正确，扣除所有分数	3	
		测量	线性 r	$r \geq 0.9999$，不扣分；$0.9999 > r \geq 0.9995$，扣2分；$0.9995 > r \geq 0.9990$，扣4分；$0.9990 > r \geq 0.9950$，扣6分；$0.9950 > r \geq 0.9900$，扣8分；$r < 0.9900$，不得分	8	

续表

评分内容	评分项	评判类型	评分指标	指标分数描述	配分	得分
结果报告（55分）	数据处理、撰写报告	测量	试样测定的精密度	相对极差≤0.30%，不扣分；0.30% < 相对极差≤0.50%，扣2分；0.50% < 相对极差≤0.70%，扣4分；0.70% < 相对极差≤0.90%，扣6分；相对极差 > 0.90%，扣8分；未平行测定3次，不得分	8	
		测量	试样测定的准确度	|相对误差| ≤ 0.40%，不扣分；0.40% < |相对误差| ≤ 0.70%，扣3分；0.70% < |相对误差| ≤1.00%，扣6分；1.00% < |相对误差| ≤ 1.30%，扣9分；|相对误差| > 1.30%，扣12分；未平行测定3次或精密度未得分，均不得分	12	
		评判	报告编制	报告数据项目不全，结构混乱，无结论	5	
				报告数据项目全面且有结论，工作流程不连贯，结构不完整	10	
				报告数据全面且有正确结论，结构完整，且工作流程清晰	15	
				报告数据全面且有正确结论，结构完整，工作流程清晰，且包含科学的论据和创新内容	20	
合计					100	

想一想 练一练

1. 化妆品中禁限用成分里有哪些重金属？化妆品有什么作用？

2. 化妆品中铅含量的最大限度是多少？铅超标对人体有什么危害？

3. 用原子吸收分光光度法测定化妆品中铅含量的原理是什么？

4. 试样溶液中铁含量超过铅含量100倍的时候，不宜采用氘灯扣除背景法，应采用塞曼效应扣除背景法，这是为什么？

知识拓展

1. 化妆品试样的处理办法有干法消化、湿法消化和微波消解法。可以根据实验室的设备和样品的数量，选择适当的处理方法。

2. 原子吸收分光光度法测定铅含量时，所用的玻璃仪器都要先用硝酸溶液浸泡，然后用二级水清洗干净。

3. 标准曲线上的点都在线性范围内，吸光度的最佳范围在0.1～0.6。

4. 数据处理时应注意最终结果的表示方式为 μg/g。

对接世赛

1. 请结合本次实训，说明哪些健康与安全措施是必要的。

2. 请结合本次实训，说明需要哪些环境保护措施。

3. 撰写报告：请完成一份报告，内容包括实验过程中必须做好的健康、安全、环境保护措施，实验中的物料计算和过程记录、数据处理、结果的评价和问题分析。

4. 查阅相关专业英语资料，写出该任务实训中涉及的玻璃仪器、设备、化学试剂等的专业英语。

任务二　工业废水中铜含量的测定

任务书

受某企业委托，需对该企业生产中产生的工业废水中的铜含量进行分析。请利用原子吸收分光光度法测定其含量，出具检验结果报告单。

任务分析

工业废水中含有各种有害成分，需要检测各种组分的含量，并判断是否符合排放标准。从而采取相应的措施降低能耗，提高生产效率。“绿水青山就是金山银山”，做好排放前的检测对环境保护至关重要。工业废水检测中有一个非常重要的指标就是重金属。

本任务主要是用给定的仪器及试剂测定工业废水中铜的含量，从而判断是否符合排放标准。具体内容包括：

①制定实训方案。

②列举实训中的健康与安全、环境保护措施。

③配制指定的实验试剂溶液。

④制备试样。

⑤测定工业废水中铜的含量。

⑥处理数据并撰写工作报告。

⑦实验室组织与管理。

学习目标

知识目标	能力目标	素质目标
1. 讲述工业废水的种类； 2. 说出工业废水中铜含量的最高限值及铜超标对人体的危害； 3. 说出工业废水试样测量铜含量前处理的方法； 4. 解释原子吸收分光光度法测定铜含量的原理和步骤； 5. 列举实训中存在的健康与安全、环境保护措施	1. 制定工业废水中铜含量测定的实验方案； 2. 配制指定的实验试剂溶液； 3. 示范原子吸收分光光度计的调试和使用； 4. 展示标准系列溶液和铜试液的配制过程； 5. 展示原子吸收法测定铜含量的方法； 6. 计算工业废水中铜的含量； 7. 评价实验结果，展示工作报告	1. 遵守操作规程，爱惜原子吸收分光光度计等仪器设备； 2. 营造规范、整洁、有序的工作环境； 3. 独立思考、发现问题、解决问题； 4. 提高安全意识、质量意识和环保意识； 5. 实验室组织与管理（8S 管理）

思政融入点

序号	授课内容	思政融入点
1	学生签到	世界观、人生观、价值观教育
2	工业废水	环保意识、绿水青山就是金山银山
3	铜含量超标的危害	诚信精神、责任意识、职业道德
4	中国工业的发展	创新精神、中国制造升级为中国智造
5	铜含量的检验	规范意识、标准意识、安全意识、责任意识、成本意识、节约意识、环保意识、竞争意识、团队合作精神、工匠精神、职业素养等
6	实训结束工作	职业素养、劳动精神、环保意识

知识平台

铜是一种金属元素。纯铜是柔软金属，表面刚切开时的颜色为红橙色带金属光泽，单质呈紫红色。其延展性好，导热性和导电性高，因此在电缆和电气、电子元件等生产领域是最常用的材料，也可用作建筑材料，并可组成多种合金。铜合金机械性能优异，电阻率很低，是优良的导电材料。

铜的离子对生物而言，是必需的元素。人体缺乏铜会引起贫血、毛发异常、骨和动脉异常，以致脑障碍。但铜过剩会引起肝硬化、腹泻、呕吐、运动障碍和知觉神经障碍。一般来说，牛肉、葵花籽、可可、黑椒、羊肝等都会有丰富的铜质。

任务实施

★【采用标准】

《化学试剂　标准滴定溶液的制备》（GB/T 601—2016）、《工业废液处理污泥中铜、镍、铅、锌、镉、铬等 26 种元素含量测定方法》（GB/T 36690—2018）

●【方法原理】

试样经预处理，使铜以离子状态存在于试液中，试液中铜离子经火焰被原子化后，基态原子吸收来自铜空心阴极灯发出的共振线，其吸收量与试样中铜含量成正比。在其他条件不变的情况下，根据测量被吸收后的谱线强度，与标准系列比较，可以进行定量分析。

▲【仪器试剂】

	仪器和试剂	准备情况
主要仪器	原子吸收分光光度计、铜空心阴极灯、智能微波消解仪、恒温电加热器、电子分析天平 0.1 mg、高压钢瓶系统、10 mL 吸量管 3 支、1 mL 吸量管 1 支、50 mL 容量瓶 10 个	
试剂	工业废水试样、优级纯硝酸（$\rho_{20}=1.42$ g/mL）、过氧化氢［ω（H_2O_2）=30%］、纯铜粉［ρ（Cu）≥99.9%］	

◆【任务操作】

1. 配制指定的实验试剂溶液

根据现场提供的试剂，按要求配制硝酸溶液（1∶1）200 mL。

2. 铜标准储备液［ρ（Cu）=1 g/L］的配制

准确称取纯度为 99.9% 的纯铜粉 1.000 g，加入硝酸溶液（1∶1）15 mL，加热使之溶解，移入 1 L 容量瓶中，用水稀释至刻度。

3. 铜标准工作溶液［ρ（Cu）=50 mg/L］的配制

取铜标准储备溶液 5.00 mL 置于 100 mL 容量瓶中，加硝酸溶液（1∶1）2 mL，用水稀释至刻度。

4. 试样预处理

移取摇匀的工业废水样液 20.00 mL 于消化罐中，加入 3.00 mL 硝酸、1.00 mL 过氧化氢，移入密封罐中，旋紧密封盖，再置于微波消解系统中，按照设置的程序进行消解。消化后，冷却，将试样消化液移入 50 mL 容量瓶中，用纯水洗涤消化罐，合并洗涤液，定容至刻度，备用。平行制备 3 份，同时制备空白试样。

5. 测定

移取铜标准工作溶液 0.00 mL、0.50 mL、1.00 mL、2.00 mL、3.00 mL、4.00 mL、5.00 mL，分别置于 50 mL 容量瓶中，加水至刻度。按仪器操作程序，将仪器的分析条件调至最佳状态。分别测定标准曲线系列、空白和试样溶液。绘制浓度 - 吸光度曲线，计算试样质量浓度，以 mg/L 计。

▼【数据记录】

项目	序号						
	1	2	3	4	5	6	7
移取铜标准工作溶液的体积/mL							
铜标准工作溶液的浓度/（mg/L）							
吸光度 A							
回归方程							
线性系数 R							

项目	序号		
	1	2	3
移取混匀试样的体积/mL			
定容的体积/mL			
稀释倍数 n			
吸光度 A			
试样中铜的浓度 ρ/(mg/L)			
空白试样中铜浓度/(mg/L)			
试样中铜浓度平均值/(mg/L)			
平行测定结果的相对极差/%			

☯【结果计算】

$$\rho(\mathrm{Cu}) = (\rho_{查} - \rho_0) \times n$$

式中　ρ（Cu）——试样中铜的质量浓度，mg/L；

$\rho_{查}$——测试溶液中铜的质量浓度，mg/L；

ρ_0——空白试样中铜的质量浓度，mg/L；

n——试样的稀释倍数。

✍【结果评价】

评分内容	评分项	评判类型	评分指标	指标分数描述	配分	得分
实验准备（20分）	个人健康、安全、仪器设备准备、溶液配制	测量	熟悉现场健康、安全和环境保护内容，写出相应措施	若实验操作正式开始前，未在报告纸上撰写相关内容，扣除所有分数；若内容缺项，按要点平均扣分	4	
		测量	全过程个人防护用品穿戴	若未按要求正确穿戴口罩、实验服、护目镜、手套等，扣除所有分数	2	
		测量	全过程无破碎玻璃器皿	如果不满足要求，扣除所有分数	2	
		测量	实验室器具贴标签	对于易混用玻璃器皿，若有一个未贴标签，扣除所有分数	2	
		测量	实验全过程干净整洁，无试剂溢出和洒落	如果不满足条件，扣除所有分数（去离子水可有些许洒落，须随手擦干）	2	
		测量	标签识读和试剂选用	如果不能正确识读和选用英文标识，导致药品试剂选择错误，扣除所有分数	2	
		测量	各种铜标准溶液的配制	如果物料计算错误或称量错误，扣除所有分数	3	
		测量	在专用容器中处理废弃物	如果未在专用容器中处理废弃物，扣除所有分数	3	

续表

评分内容	评分项	评判类型	评分指标	指标分数描述	配分	得分
实验操作（25分）	试样制备、含量测定、文明操作	测量	试样预处理	如果未按规范操作，每错1次扣除1分，直至扣完为止	3	
		测量	原子吸收仪：开机	如果未按规范操作，每错1次扣除1分，直至扣完为止	3	
		测量	原子吸收仪：检测	如果未按规范操作，每错1次扣除1分，直至扣完为止	3	
		测量	原子吸收仪：关机	如果未按规范操作，每错1次扣除1分，直至扣完为止	3	
		测量	试样分析：空白试验	如果未做空白试验，扣除所有分数	2	
		测量	原始数据记录	原始数据记录及时，须用规范纸张记录，规范改正数据，不缺项	2	
		测量	仪器设备使用记录	没有填写使用记录，扣除所有分数	2	
		测量	重大操作失误	存在先关火、再关乙炔行为，扣除所有分数	3	
		评判	工作场地组织和管理	工作场地混乱，玻璃仪器、试剂用完后未及时归位（未做完实验得0分）	1	
				工作场地有序，玻璃仪器、试剂用完后及时归位，个别仪器未及时归位	2	
				工作场地管理规范有序，所有玻璃仪器、试剂及时归位	3	
				工作场地管理规范有序，所有玻璃仪器、试剂及时归位且使用了其他的高效工作场地管理方法	4	
结果报告（55分）	数据处理、撰写报告	测量	数据处理	计算过程及结果不正确，扣除所有分数	4	
		测量	有效数字保留与修约	如果有效数字保留或修约不正确，扣除所有分数	3	
		测量	线性r	$r \geq 0.9999$，不扣分；$0.9999 > r \geq 0.9995$，扣2分；$0.9995 > r \geq 0.9990$，扣4分；$0.9990 > r \geq 0.9950$，扣6分；$0.9950 > r \geq 0.9900$，扣8分；$r < 0.9900$，不得分	8	
		测量	试样测定的精密度	相对极差≤0.30%，不扣分；0.30%＜相对极差≤0.50%，扣2分；0.50%＜相对极差≤0.70%，扣4分；0.70%＜相对极差≤0.90%，扣6分；相对极差＞0.90%，扣8分；未平行测定3次，不得分	8	

续表

评分内容	评分项	评判类型	评分指标	指标分数描述	配分	得分
结果报告（55分）	数据处理、撰写报告	测量	试样测定的准确度	|相对误差| ≤ 0.40%，不扣分；0.40% < |相对误差| ≤ 0.70%，扣3分；0.70% < |相对误差| ≤1.00%，扣6分；1.00% < |相对误差| ≤1.30%，扣9分；|相对误差| > 1.30%，扣12分；未平行测定3次或精密度未得分，均不得分	12	
		评判	报告编制	报告数据项目不全，结构混乱，无结论	5	
				报告数据项目全面且有结论，工作流程不连贯，结构不完整	10	
				报告数据全面且有正确结论，结构完整，且工作流程清晰	15	
				报告数据全面且有正确结论，结构完整，工作流程清晰，且包含科学的论据和创新内容	20	
合计					100	

想一想 练一练

1. 工业废水中常见的重金属有哪些？铜超标对人体有什么危害？

2. 《生活饮用水标准检验方法　第6部分：金属和类金属指标》（GB/T 5750.6—2023）中对铜含量的检测用了哪些方法？

3. 配制1 000 mg/L的铜储备液1 000 mL，需要称取基准试剂$CuSO_4 \cdot 5H_2O$多少克？

4. 根据我国环境标准要求，工业废水中铜及其化合物的最高容许排放标准是多少？生活饮用水中铜的浓度的标准是多少？

知识拓展

1. 使用火焰原子吸收分光光度法测定水样中铜含量时，若水样的盐浓度高，产生干扰，可用标准加入法加以校正。

2. 对于铜含量较低的水样，需要用螯合剂萃取，加以富集，再进行检测。

对接世赛

1. 请结合本次实训，说明哪些健康与安全措施是必要的。

2. 请结合本次实训，说明需要哪些环境保护措施。

3. 撰写报告：请完成一份报告，内容包括实验过程中必须做好的健康、安全、环境保护措施，实验中的物料计算和过程记录、数据处理、结果的评价和问题分析。

4. 查阅相关专业英语资料，写出该任务实训中涉及的玻璃仪器、设备、化学试剂等的专业英语。

任务三　食品中锌含量的测定

任务书

食堂新购买了一批食材，要对这批食材的锌含量进行分析。请你利用火焰原子吸收分光光度法测定其含量，出具检验结果报告单。

任务分析

民以食为天，食以安为先。食堂食材的品质是食品安全的基础。做好食品质量检测对人民生命安全有非常重要的意义。

本任务主要是用给定的仪器及试剂测定食品中的锌含量，从而判断市场销售的食材是否合格。具体内容包括：

①制定实训方案。

②列举实训中的健康与安全、环境保护措施。

③配制指定的实验试剂溶液。

④制备样品试样。

⑤测定食品中锌的含量。

⑥处理数据并撰写工作报告。

⑦实验室组织与管理。

学习目标

知识目标	能力目标	素质目标
1. 讲述食品中锌的作用； 2. 说出食品试样测量锌含量前处理的方法； 3. 解释原子吸收法测定锌含量的原理和步骤； 4. 说出原子吸收分光光度计的基本结构； 5. 列举实训中存在的健康与安全、环境保护措施	1. 制定食品中锌含量测定的实验方案； 2. 配制指定的实验试剂溶液； 3. 展示标准系列溶液和锌试液的配制过程； 4. 示范原子吸收分光光度计的调试和使用； 5. 展示原子吸收分光光度法测定锌含量的过程； 6. 计算食品中锌的含量； 7. 评价实验结果，展示工作报告	1. 遵守操作规程，爱惜原子吸收分光光度计等仪器设备； 2. 营造规范、整洁、有序的工作环境； 3. 独立思考、发现问题、解决问题； 4. 提高安全意识、质量意识和环保意识； 5. 实验室组织与管理（8S 管理）

思政融入点

序号	授课内容	思政融入点
1	学生签到	世界观、人生观、价值观教育
2	食品安全	社会责任、法律意识、职业素养
3	锌的功能作用	以人为本、责任意识、职业道德
4	中国食品的发展史	中国食品发展的道路自信
5	锌含量的检验	规范意识、标准意识、安全意识、责任意识、成本意识、节约意识、环保意识、竞争意识、团队合作精神、工匠精神、职业素养等
6	实训结束工作	职业素养、劳动精神、环保意识

知识平台

锌是人体必不可少的微量元素，对于人体健康有很大的作用。专家认为正常人血浆中锌的浓度为 95～130 μg/100 mL，每日需要锌 10～15 mg。

锌可以维持人体正常食欲、促进伤口和创伤的愈合、促进人体的生长发育，可以增强人体免疫力、促进维生素 A 的吸收。

缺锌的危害。孩子缺锌会造成免疫力差，胃口差，生长缓慢，智力低下。孕妇缺锌主要影响胎儿在子宫内的生长，会波及大脑、心脏、胰腺、甲状腺等重要器官，导致胎儿发育不良。老年人缺锌会造成免疫系统衰退，如果大脑中海马体的锌含量不足，会出现记忆力减退、四肢活动障碍、思维功能异常，甚至会出现早发型阿尔茨海默病。

我们日常吃的食物中含锌较多的有牡蛎、动物胰脏、动物肝脏、动物血、瘦肉、蛋类、粗粮、核桃、花生、西瓜子等，一般蔬菜、水果、粮食均含有锌，平时只要合理安排好饮食，一般不会缺锌。

任务实施

★【采用标准】

《化学试剂　标准滴定溶液的制备》（GB/T 601—2016）、《食品安全国家标准　食品中锌的测定》（GB 5009. 14—2017）

●【方法原理】

试样经预处理，锌以离子状态存在于试液中。试液中锌离子被原子化后，基态原子吸收来自锌空心阴极灯发出的共振线，其吸收量与试样中的锌含量成正比。在其他条件不变的情况下，根据测量被吸收后的谱线强度，与标准系列比较，可以进行定量分析。

▲【仪器试剂】

	仪器和试剂	准备情况
主要仪器	原子吸收分光光度计、锌空心阴极灯、电子天平 10 mg、智能微波消解仪、电热板、分析天平 0.1 mg、高压钢瓶系统、马弗炉、10 mL 吸量管 3 支、1 mL 吸量管 1 支、50 mL 容量瓶 10 个	
试剂	食品试样、硝酸溶液（1∶1）、优级纯硝酸（ρ_{20} = 1.42 g/mL）、氧化锌（纯度 >99.99%）	

◆【任务操作】

1. 配制指定的实验试剂溶液

根据现场提供的试剂，按要求配制硝酸溶液（5∶95）1 000 mL。

2. 锌标准储备液（1 g/L）的配制

准确称取经高温干燥至恒重的氧化锌 1.244 7 g（精确至 0.000 1 g），加少量硝酸溶液（1∶1），加热溶解，冷却后移入 1 000 mL 容量瓶，加水至刻度，混匀。

3. 锌标准中间液（10.0 mg/L）的配制

准确吸取锌标准储备液 1.00 mL 置于 100 mL 容量瓶中，加硝酸溶液（5∶95）至刻度，混匀。

4. 锌标准工作溶液［ρ（Pb）=50 mg/L］的配制

量取锌标准储备溶液 5.00 mL 置于 100 mL 容量瓶中，加硝酸溶液（1∶1）2 mL，用水稀释至刻度。

5. 试样的制备

粮食、豆类：将试样去除杂质后，粉碎，储于塑料瓶中。

蔬菜、水果、鱼类、肉类等：将试样用水洗净，晾干，取可食部分，制成匀浆，储于塑料瓶中。

饮料、酒、醋、酱油、食用植物油、液态乳等：将试样摇匀。

6. 试样预处理

准确称取固体试样 0.2～0.8 g（精确至 0.1 mg）或准确移取液体试样 0.50～3.00 mL 置于微波消解罐中，加入 5 mL 硝酸，按照微波消解的操作步骤消解试样，消解条件参考如下：

步骤	设定温度 /℃	升温时间 /min	恒温时间 /min
1	120	5	5
2	160	5	10
3	180	5	10

冷却后取出消解罐，在电热板上于 140～160 ℃温度下赶酸至 1 mL 左右。消解罐放冷后，将消化液转移至 50 mL 容量瓶中，用少量水洗涤消解罐 2～3 次，合并洗涤液于容量瓶

中，用水定容至刻度，混匀备用。平行制备 3 份，同时做试剂空白试验。

7. 测定

分别准确吸取锌标准中间液 0.00 mL、0.50 mL、1.00 mL、2.00 mL、4.00 mL 和 5.00 mL于 50 mL 容量瓶中，加硝酸溶液（5∶95）至刻度，混匀。按仪器操作程序，将仪器的分析条件调至最佳状态。在扣除背景吸收下，分别测定校准曲线系列、空白和试样溶液。绘制浓度－吸光度曲线，计算试样中锌的质量浓度，以 mg/L 或 mg/kg 计。

▼【数据记录】

项目	序号					
	1	2	3	4	5	6
移取锌标准工作溶液的体积/mL						
锌标准工作溶液的浓度/（mg/L）						
吸光度 A						
回归方程						
线性系数 R						

项目	序号		
	1	2	3
移取混匀试样的体积/mL			
称取试样的质量/g			
定容的体积/mL			
吸光度 A			
试样中锌的浓度/（mg/L）			
空白试样中锌的浓度/（mg/L）			
试样中锌浓度平均值/（mg/L）			
平行测定结果的相对极差/%			

☯【结果计算】

$$X(\mathrm{Zn}) = \frac{(\rho_{查} - \rho_0) \times V}{A}$$

式中　X（Zn）——试样中锌的质量浓度，mg/kg 或 mg/L；

$\rho_{查}$——测试溶液中锌的质量浓度，mg/L；

ρ_0——空白试样中锌的质量浓度，mg/L；

V——试样的消化液的定容体积，mL；

A——试样称样量或移取体积，g 或 mL。

✍【结果评价】

评分内容	评分项	评判类型	评分指标	指标分数描述	配分	得分
实验准备（20分）	个人健康、安全、仪器设备准备、溶液配制	测量	熟悉现场健康、安全和环境保护内容，写出相应措施	若实验操作正式开始前，未在报告纸上撰写相关内容，扣除所有分数；若内容缺项，按要点平均扣分	4	
		测量	全过程个人防护用品穿戴	若未按要求正确穿戴口罩、实验服、护目镜、手套等，扣除所有分数	2	
		测量	全过程无破碎玻璃器皿	如果不满足要求，扣除所有分数	2	
		测量	实验室器具贴标签	对于易混用玻璃器皿，若有一个未贴标签，扣除所有分数	2	
		测量	实验全过程干净整洁，无试剂溢出和洒落	如果不满足条件，扣除所有分数（去离子水可有些许洒落，须随手擦干）	2	
		测量	标签识读和试剂选用	如果不能正确识读和选用英文标识，导致药品试剂选择错误，扣除所有分数	2	
		测量	各种指定实验试剂溶液的配制	如果物料计算错误或用量错误，扣除所有分数	3	
		测量	在专用容器中处理废弃物	如果未在专用容器中处理废弃物，扣除所有分数	3	
实验操作（25分）	试样制备、含量测定、文明操作	测量	试样预处理	如果未按规范操作，每错1次扣除1分，直至扣完为止	3	
		测量	原子吸收仪：开机	如果未按规范操作，每错1次扣除1分，直至扣完为止	3	
		测量	原子吸收仪：检测	如果未按规范操作，每错1次扣除1分，直至扣完为止	3	
		测量	原子吸收仪：关机	如果未按规范操作，每错1次扣除1分，直至扣完为止	3	
		测量	试样分析：空白试验	如果未做空白试验，扣除所有分数	2	
		测量	原始数据记录	原始数据记录及时，须用规范纸张记录，规范改正数据，不缺项	2	
		测量	仪器设备使用记录	未填写使用记录，扣除所有分数	2	
		测量	重大操作失误	存在先关火、再关乙炔行为，扣除所有分数	3	
		评判	工作场地组织和管理	工作场地混乱，玻璃仪器、试剂用完后未及时归位（未做完实验得0分）	1	
				工作场地有序，玻璃仪器、试剂用完后及时归位，个别仪器未及时归位	2	
				工作场地管理规范有序，所有玻璃仪器、试剂及时归位	3	
				工作场地管理规范有序，所有玻璃仪器、试剂及时归位且使用了其他的高效工作场地管理方法	4	

续表

评分内容	评分项	评判类型	评分指标	指标分数描述	配分	得分
结果报告（55分）	数据处理、撰写报告	测量	数据处理	计算过程及结果不正确，扣除所有分数	4	
		测量	有效数字保留与修约	如果有效数字保留或修约不正确，扣除所有分数	3	
		测量	线性 r	r≥0.999 9，不扣分；0.999 9 > r ≥ 0.999 5，扣2分；0.999 5 > r ≥ 0.999 0，扣4分；0.999 0 > r ≥ 0.995 0，扣6分；0.995 0 > r ≥ 0.990 0，扣8分；r < 0.990 0，不得分	8	
		测量	试样测定的精密度	相对极差≤0.30%，不扣分；0.30% < 相对极差≤0.50%，扣2分；0.50% < 相对极差≤0.70%，扣4分；0.70% < 相对极差≤0.90%，扣6分；相对极差 > 0.90%，扣8分；未平行测定3次，不得分	8	
		测量	试样测定的准确度	|相对误差| ≤ 0.40%，不扣分；0.40% < |相对误差| ≤ 0.70%，扣3分；0.70% < |相对误差| ≤1.00%，扣6分；1.00% < |相对误差| ≤1.30%，扣9分；|相对误差| > 1.30%，扣12分；未平行测定3次或精密度未得分，均不得分	12	
		评判	报告编制	报告数据项目不全，结构混乱，无结论	5	
				报告数据项目全面且有结论，工作流程不连贯，结构不完整	10	
				报告数据全面且有正确结论，结构完整，且工作流程清晰	15	
				报告数据全面且有正确结论，结构完整，工作流程清晰，且包含科学的论据和创新内容	20	
合计					100	

》想一想 练一练

1. 食品中的锌有哪些作用？人体缺锌有哪些危害？
2. 用基准试剂氧化锌配制锌标准溶液的步骤是什么？
3. 用火焰原子吸收分光光度法测定食品中锌含量的原理是什么？
4. 检测食品中的锌含量有哪些方法？

知识拓展

1. 如果食品中的锌含量过低，可以适当增加样品的量，使样品的吸光度尽量在标准曲线的中间值。

2. 洗涤消解罐时，注意要少量多次，预防洗涤液过多，避免还未定容就已超过容量瓶的刻度线。

3. 数据处理时应注意最终结果的表示方式为 mg/kg 或 mg/L。

对接世赛

1. 请结合本次实训，说明哪些健康与安全措施是必要的。

2. 请结合本次实训，说明需要哪些环境保护措施。

3. 撰写报告：请完成一份报告，内容包括实验过程中必须做好的健康、安全、环境保护措施，实验中的物料计算和过程记录、数据处理、结果的评价和问题分析。

4. 查阅相关专业英语资料，写出该任务实训中涉及的玻璃仪器、设备、化学试剂等的专业英语。

考核任务　样品中铅含量的测定

一、健康与安全

请说明哪些健康与安全措施是必要的，按要求执行。

二、环境保护

请说明是否需要采取环境保护措施。

三、原理

原子吸收光谱法是基于物质对光的吸收。本实验是用空气-乙炔火焰，在原子吸收光谱仪波长 283.3 nm 处，以水调零，测量样品的吸光度。

四、考核目标

1. 样品处理。
2. 工作曲线的绘制。
3. 样品中的铅含量测定。
4. 报告。

五、设备、 试剂与溶液

原子吸收分光光度计、铅空心阴极灯、分析天平（精确到 0.1 mg）、可调温的电炉、其他实验辅助设备	各种规格的容量瓶、各种规格的刻度吸量管、各种规格的刻度烧杯、滴管、洗瓶、洗耳球、吸量管架	铅标准溶液（1 mg/mL）、盐酸（ρ_{20} = 1.19 g/mL）（优级纯）、硝酸（ρ_{20} = 1.42 g/mL）（优级纯）、硝酸（1∶1，*V/V*）、去离子水

六、实验

1. 样品制备

称取 0.50 g（精确到 0.000 1 g）矿粉于 200 mL 烧杯中，加入 15 mL 浓盐酸，低温煮沸 10 min，加入 15 mL 浓硝酸蒸至近干，取下放冷，再加入 25 mL 硝酸（1∶1，*V/V*）煮沸溶解，取下冷却至室温。将溶液移入 250 mL 容量瓶中，用水稀释、混匀，定容。干过滤部分溶液，准备一份样品。重复准备另一份试样。

2. 工作曲线的绘制

移取 10 mL 铅标准溶液置于 250 mL 容量瓶中，稀释定容。分别移取上述铅标准溶液

0.00 mL、1.00 mL、2.00 mL、3.00 mL、4.00 mL、5.00 mL、6.00 mL 于 7 个 50 mL 容量瓶中，加入 5 mL 硝酸（1∶1，V/V），用水稀释、摇匀，定容。用空气－乙炔火焰，在原子吸收光谱仪波长 283.3 nm 处，以水调零，测量系列标准溶液吸光度，以吸光度 A 为纵坐标、铅的浓度 ρ 为横坐标，绘制工作曲线。

3. 样品分析

试样用空气－乙炔火焰，在原子吸收分光光度计波长 283.3 nm 处，以水调零，测定样品吸光度。做空白试验。做平行试验。

4. 计算

以下列公式计算铅含量，数值以％表示：

$$\omega(\mathrm{Pb}) = \frac{\rho \times V \times 10^{-6}}{m} \times 100$$

式中 ρ——工作曲线中得到的铅的浓度，μg/mL；

V——试液的总体积，mL；

m——样品的质量，g。

计算结果及结果的重现性，结果保留小数点后两位。

对接世赛

1. 请结合本次实训，说明哪些健康与安全措施是必要的。
2. 请结合本次实训，说明需要哪些环境保护措施。
3. 撰写报告：请完成一份报告，内容包括实验过程中必须做好的健康、安全、环境保护措施，实验中的物料计算和过程记录、数据处理、结果的评价和问题分析。
4. 查阅相关专业英语资料，写出该任务实训中涉及的玻璃仪器、设备、化学试剂等的专业英语。

✍【结果评价】

序号	作业项目	考核内容	操作要求	配分	得分
一	工作场地和设备管理（9 分）	HSE	HSE 内容描述正确	1	
			正确穿着实验服和足部防护用品	1	
			正确使用护目镜、口罩	1	
			正确使用手套	1	
		工作场地及设备管理	工作过程中无试剂洒出	1	
			正确贴置标签	1	
			无仪器设备损坏	1	
			工作面整洁有序	1	
			设备使用记录填写完整、规范（设备管理要求）	1	

续表

<table>
<tr><th>序号</th><th>作业
项目</th><th>考核
内容</th><th colspan="2">操作要求</th><th>配分</th><th>得分</th></tr>
<tr><td rowspan="12">二</td><td rowspan="12">实验
技能
（12 分）</td><td rowspan="3">玻璃仪器使用</td><td colspan="2">计量仪器洗涤、试漏</td><td>1</td><td></td></tr>
<tr><td colspan="2">正确使用容量瓶</td><td>1</td><td></td></tr>
<tr><td colspan="2">规范使用吸量管</td><td>1</td><td></td></tr>
<tr><td rowspan="2">称量操作</td><td colspan="2">正确使用天平</td><td>1</td><td></td></tr>
<tr><td colspan="2">样品称量方法正确</td><td>1</td><td></td></tr>
<tr><td rowspan="7">实验流程</td><td colspan="2">样品处理时保持温和煮沸 10 min，不允许持续剧烈沸腾</td><td>1</td><td></td></tr>
<tr><td colspan="2">不允许蒸干</td><td>1</td><td></td></tr>
<tr><td colspan="2">煮沸过程中使用通风设备</td><td>1</td><td></td></tr>
<tr><td colspan="2">电炉使用过程中禁止离开</td><td>1</td><td></td></tr>
<tr><td colspan="2">过滤初液不能用来检测</td><td>1</td><td></td></tr>
<tr><td colspan="2">样品测定时正确选用空白试剂</td><td>1</td><td></td></tr>
<tr><td colspan="2">测工作曲线、试样前清洗管路</td><td>1</td><td></td></tr>
<tr><td rowspan="4">三</td><td rowspan="4">结束实验
（4 分）</td><td rowspan="4">整理实验台</td><td colspan="2">关闭仪器、设备、电源</td><td>1</td><td></td></tr>
<tr><td colspan="2">玻璃仪器清洗干净</td><td>1</td><td></td></tr>
<tr><td colspan="2">仪器、设备恢复原状</td><td>1</td><td></td></tr>
<tr><td colspan="2">正确进行废液、废固、废弃物处置</td><td>1</td><td></td></tr>
<tr><td rowspan="17">四</td><td rowspan="17">实验
结果
（56 分）</td><td rowspan="3">称量范围</td><td colspan="2">0.487 5≤称量值≤0.512 5</td><td>不扣分</td><td></td></tr>
<tr><td colspan="2">0.512 5＜称量值</td><td>扣 2 分</td><td></td></tr>
<tr><td colspan="2">称量值＜0.487 5</td><td>扣 2 分</td><td></td></tr>
<tr><td rowspan="6">工作曲线线性系数 r</td><td colspan="2">r≥0.999 9</td><td>不扣分</td><td></td></tr>
<tr><td colspan="2">0.999 9＞r≥0.999 5</td><td>扣 3 分</td><td></td></tr>
<tr><td colspan="2">0.999 5＞r≥0.999 0</td><td>扣 6 分</td><td></td></tr>
<tr><td colspan="2">0.999 0＞r≥0.995 0</td><td>扣 9 分</td><td></td></tr>
<tr><td colspan="2">0.995 0＞r≥0.990 0</td><td>扣 12 分</td><td></td></tr>
<tr><td colspan="2">r＜0.990 0</td><td>扣 15 分</td><td></td></tr>
<tr><td rowspan="2">样品吸光度在
工作曲线的位置</td><td colspan="2">样品吸光度在工作曲线上</td><td>不扣分</td><td></td></tr>
<tr><td colspan="2">在工作曲线的延长线上</td><td>扣 4 分</td><td></td></tr>
<tr><td rowspan="6">铅含量测定</td><td rowspan="6">铅含量测定
的精密度</td><td>相对极差≤2.0%</td><td>不扣分</td><td></td></tr>
<tr><td>2.0%＜相对极差≤4.0%</td><td>扣 2 分</td><td></td></tr>
<tr><td>4.0%＜相对极差≤6.0%</td><td>扣 4 分</td><td></td></tr>
<tr><td>6.0%＜相对极差≤8.0%</td><td>扣 6 分</td><td></td></tr>
<tr><td>8.0%＜相对极差≤10.0%</td><td>扣 8 分</td><td></td></tr>
<tr><td>相对极差＞10.0%</td><td>扣 10 分</td><td></td></tr>
</table>

续表

<table>
<tr><th>序号</th><th>作业
项目</th><th>考核
内容</th><th colspan="2">操作要求</th><th>配分</th><th>得分</th></tr>
<tr><td rowspan="6">四</td><td rowspan="6">实验
结果
（56 分）</td><td rowspan="6">铅含量测定</td><td rowspan="6">铅含量测定的准确度</td><td>｜相对误差｜≤0. 10%</td><td>不扣分</td><td rowspan="6"></td></tr>
<tr><td>0. 10% <｜相对误差｜≤0. 20%</td><td>扣 5 分</td></tr>
<tr><td>0. 20% <｜相对误差｜≤0. 30%</td><td>扣 10 分</td></tr>
<tr><td>0. 30% <｜相对误差｜≤0. 40%</td><td>扣 15 分</td></tr>
<tr><td>0. 40% <｜相对误差｜≤0. 50%</td><td>扣 20 分</td></tr>
<tr><td>｜相对误差｜>0. 50%</td><td>扣 25 分</td></tr>
<tr><td rowspan="12">五</td><td rowspan="12">实验电子报告
（19）</td><td rowspan="9">报告单项目齐全</td><td rowspan="3">HSE 描述内容</td><td>药品、试剂</td><td>1</td><td rowspan="3"></td></tr>
<tr><td>设备及用电安全</td><td>0. 5</td></tr>
<tr><td>环境保护</td><td>0. 5</td></tr>
<tr><td>报告内容</td><td>描述无专业错误</td><td>2</td><td></td></tr>
<tr><td rowspan="4">实验数据处理</td><td>计算铅标准溶液的浓度结果且正确（各 1 分）</td><td>2</td><td rowspan="4"></td></tr>
<tr><td>计算铅含量方法正确</td><td>2</td></tr>
<tr><td>标曲系列的浓度计算正确</td><td>2</td></tr>
<tr><td>是否进行平行试验及结果处理</td><td>2</td></tr>
<tr><td>结论表达</td><td>铅含量及相对极差值</td><td>2</td><td></td></tr>
<tr><td rowspan="3">报告记录规范</td><td>有效数字</td><td>有效数字保留正确</td><td>2</td><td></td></tr>
<tr><td rowspan="2">记录规范</td><td>使用给定计量单位</td><td>1</td><td rowspan="2"></td></tr>
<tr><td>记录涂改、填写不对或者有空缺项</td><td>2</td></tr>
<tr><td>合计</td><td colspan="4"></td><td>100</td><td></td></tr>
</table>

项目八

色谱分析法操作技能实训

项目描述

色谱分析法简称“色谱法”或“层析法”，是一种物理或物理化学分离分析方法，具有高效、快速分离等特性，是现代分离、分析的一个重要方法，特别是由于气相色谱和高效液相色谱的发展与完善，在分析化学、有机化学、生物化学等领域有着非常广泛的应用。

直到20世纪中期，人们还大量采用沉淀、蒸馏和萃取等经典的分离方法，而在现代分析中，则大量采用色谱法。迄今为止，色谱方法是最为有效的分离手段，它是利用混合物中各组分在两相中具有不同的分配系数，当两相作相对运动时，组分在两相中进行反复多次的分配，从而实现各组分的完全分离，其应用涉及每个科学领域。

按照流动相所处的状态，色谱法可以分为气相色谱法（GC）和液相色谱法（LC）。气相色谱法需要汽化的样品，适用于分析相对分子质量较小（一般小于1 000）、低沸点（一般小于500 ℃）、易挥发、热稳定性好的物质；液相色谱法更适用于分析高沸点、难挥发、热稳定性差、分子质量较大（1 000 ~2 000）的液体化合物。

本项目通过操作技能训练，使学生掌握操作技能要点，理解色谱法物质分离的原理以及定量定性的方法、气相色谱仪及高效液相色谱仪的调试和使用、工业品乙酸乙酯的含量测定（内标法）、化妆品中防腐剂苯甲醇的含量测定（外标法）、保健食品中维生素C的含量测定（外标法）、样品中合成染料的成分测定等知识及技能，会进行相关的操作和计算，会对检测结果作出评价并出具检验报告。

任务一　工业品乙酸乙酯的含量测定

任务书

乙酸乙酯是某化工实业有限公司的常规产品之一，检验人员需要对车间送检的产品进行含量分析。请利用气相色谱法测定其含量，并出具检验结果报告单。

任务分析

乙酸乙酯是重要的有机化工原料，如今的乙酸乙酯生产工艺分为酯化法、乙醛缩合法、乙烯加成法和乙醇脱氢法4 种方法。不同的合成方法会对产品质量有较大的影响。按照《工业用乙酸乙酯》（GB/T 3728—2023）的技术要求，产品中乙酸乙酯、乙醇和水的质量分数是判断产品等级的重要指标。本任务参照《工业用乙酸酯类试验方法》（GB/T 12717—2007）测定工业品乙酸乙酯的含量，从而判断产品等级。

本任务主要是用给定的仪器及试剂测定工业品乙酸乙酯的含量，检验产品是否合格。具体内容包括：

①制定实训方案。

②列举实训中的健康与安全、环境保护措施。

③配制指定的实验试剂溶液。

④制备乙酸乙酯试液。

⑤测定工业品乙酸乙酯的含量。

⑥处理数据并撰写工作报告。

⑦实验室组织与管理。

学习目标

知识目标	能力目标	素质目标
1. 讲述气相色谱仪的主要结构及各部件的主要作用； 2. 列举气相色谱仪色谱柱和检测器的种类； 3. 解释内标法进行定量测定的原理； 4. 说出气相色谱法测定乙酸乙酯含量的原理和步骤； 5. 讲述内标法对内标物的要求； 6. 讲述气相色谱法的操作过程； 7. 列举实训中存在的健康与安全、环境保护措施	1. 制定气相色谱法测定工业品乙酸乙酯含量的实训方案； 2. 配制指定的实验试剂溶液； 3. 示范气相色谱仪的调试和使用； 4. 展示内标物和待测物试液的配制过程； 5. 展示气相色谱法测定工业品乙酸乙酯含量的过程； 6. 计算工业品乙酸乙酯的含量； 7. 评价实训结果，展示检测报告	1. 遵守操作规程，爱惜仪器设备； 2. 营造规范、整洁、有序的工作环境； 3. 独立思考、发现问题、解决问题； 4. 提高安全意识、质量意识和环保意识； 5. 实验室组织与管理（8S 管理）

思政融入点

序号	授课内容	思政融入点
1	学生签到	职业规范和职业道德的培养和教育
2	色谱法的发明	善于观察、积极思考、勇于探究的科学精神教育
3	乙酸乙酯的等级差异	创新精神、职业道德、一丝不苟的工作态度
4	乙酸乙酯含量的检验	标准意识、安全意识、环保意识、团队合作精神
5	实训结束工作	职业素养、劳动精神、环保意识

知识平台

乙酸乙酯又称醋酸乙酯，结构式为 $CH_3COOC_2H_5$。纯净的乙酸乙酯是无色透明的、具有芳香气味的液体，熔点为 -83.6 ℃、沸点为 77.06 ℃、相对密度为 0.894 ~ 0.898，有强烈的醚似的气味，清灵、微带果香的酒香，易扩散，不持久。微溶于水，溶于醇、酮、醚、氯仿等多数有机溶剂。乙酸乙酯由于具有优异的溶解性、快干性，被广泛用于醋酸纤维、乙烯树脂、合成橡胶、高级油墨、涂料、香精香料及化妆品等行业的生产过程中。是重要的有机化工原料，应用最广的脂肪酸酯之一。

酸和醇通过酯化反应生成酯和水。含氧无机酸和醇的酯化产物称为无机酸酯；有机羧酸和醇的酯化产物称为有机酸酯。酯是根据形成它的酸和醇（酚）来命名的，例如，乙酸乙酯 $CH_3COOC_2H_5$、乙酸苯酯 $CH_3COOC_6H_5$、苯甲酸甲酯 $C_6H_5COOCH_3$、乙酸丁酯 $CH_3COOC_4H_9$、丙烯酸辛酯 $CH_2=CHCOOC_8H_{17}$等。

酯类都难溶于水，易溶于乙醇和乙醚等有机溶剂，密度一般比水小。低分子量酯是无色、易挥发的芳香液体，高级饱和脂肪酸单酯常为无色无味的固体，高级脂肪酸与高级脂肪醇形成的酯为蜡状固体。低分子量的酯可用作溶剂，分子量较大的酯是良好的增塑剂。酯还用于香料、香精、化妆品、肥皂和药品等工业，用途很广泛。

任务实施

★【采用标准】

《化学试剂　标准滴定溶液的制备》（GB/T 601—2016）、《工业用乙酸乙酯》（GB/T 3728—2023）、《工业用乙酸酯类试验方法》（GB/T 12717—2007）、《白酒分析方法》（GB/T 10345—2022）

●【方法原理】

工业品乙酸乙酯的主要杂质为合成原料之一的乙醇。用气相色谱法，在选定的工作条件下，样品经汽化通过毛细管色谱柱，由于被测组分在气液两相中具有不同的分配系数，分离后各组分按先后顺序流出色谱柱，进入氢火焰离子化检测器检测，根据色谱图上各组分峰的保留值与标品相对照进行定性，利用峰面积，以内标法定量。

▲【仪器试剂】

<table>
<tr><th colspan="2">仪器和试剂</th><th>准备情况</th></tr>
<tr><td>主要仪器</td><td>气相色谱仪：HP－FFAP 石英毛细管色谱柱（30 m×0.25 mm×0.25 μm，硝基对苯二酸改性的聚乙二醇）或等效色谱柱、氢火焰离子化检测器
<table>
<tr><th>名称</th><th>规格</th><th>数量</th></tr>
<tr><td>微量进样器</td><td></td><td></td></tr>
<tr><td>容量瓶</td><td></td><td></td></tr>
<tr><td>移液管/移液枪</td><td></td><td></td></tr>
</table></td><td></td></tr>
<tr><td>试剂</td><td>乙酸乙酯试样、标准品乙酸乙酯（色谱纯）、内标物乙酸正戊酯（色谱纯）、60%乙醇溶液（色谱纯乙醇加水配制成60%体积分数的乙醇溶液）</td><td></td></tr>
</table>

◆【任务操作】

1. 配制指定的实验试剂溶液

精确称量乙酸正戊酯（色谱纯）1 g（精确到0.000 1 g），用60%乙醇溶液定容至100 mL。

2. 校正因子（f值）的测定

精确称量标准品乙酸乙酯约0.04 g（精确到0.000 1 g），移入100 mL容量瓶中，加入内标物乙酸正戊酯溶液4.00 mL，用乙醇溶液（体积分数为60%）稀释至刻度。待色谱仪基线稳定后，用微量注射器进样，记录乙酸乙酯和内标峰的保留时间及峰面积，用其比值计算出乙酸乙酯的相对校正因子f。

3. 样品测定

精确称量样品约0.04 g（精确到0.000 1 g）置于100 mL容量瓶中，加入内标物乙酸正戊酯溶液4.00 mL，混匀后，在与f值测定相同的条件下进样，根据保留时间确定乙酸乙酯峰的位置，记录乙酸乙酯与内标峰面积，求出峰面积之比，计算出样品中乙酸乙酯的质量浓度（mg/mL）。

平行测定2次。用相对相差表示测定结果的精密度，结果保留4位有效数字。

内标溶液的配制：精确称量乙酸正戊酯________g，放入________，瓶中预先装________，用________稀释至刻度摇匀。

↓

测定校正因子溶液的配制：精确称量标准品乙酸乙酯________g，放入________，瓶中预先装________，加入内标物乙酸正戊酯溶液________mL，用________稀释至刻度摇匀。

↓

样品溶液的配制：精确称量样品乙酸乙酯________g，放入________，瓶中预先装________，加入内标物乙酸正戊酯溶液________mL，用________稀释至刻度摇匀。

▼【数据记录】

<table>
<tr><td rowspan="8">仪器条件</td><td rowspan="3">温控系统</td><td>进样口温度</td><td></td></tr>
<tr><td>检测器温度</td><td></td></tr>
<tr><td>柱箱温度</td><td>恒温/程序升温</td></tr>
<tr><td rowspan="3">气路系统</td><td>载气种类及流量</td><td></td></tr>
<tr><td>氢气流量</td><td></td></tr>
<tr><td>空气流量</td><td></td></tr>
<tr><td rowspan="2">进样系统</td><td>进样方式</td><td>分流/不分流，分流比：</td></tr>
<tr><td>进样量</td><td></td></tr>
</table>

<table>
<tr><th>名称</th><th>组分</th><th>浓度 ρ/（mg/mL）</th><th>保留时间</th><th>峰面积</th></tr>
<tr><td rowspan="2">标准品</td><td>乙酸乙酯</td><td></td><td></td><td></td></tr>
<tr><td>乙酸正戊酯</td><td></td><td></td><td></td></tr>
<tr><td rowspan="2">样品 1</td><td>乙酸乙酯</td><td></td><td></td><td></td></tr>
<tr><td>乙酸正戊酯</td><td></td><td></td><td></td></tr>
<tr><td rowspan="2">样品 2</td><td>乙酸乙酯</td><td></td><td></td><td></td></tr>
<tr><td>乙酸正戊酯</td><td></td><td></td><td></td></tr>
</table>

☯【结果计算】

$$f = \frac{A_1 \times \rho_2}{A_2 \times \rho_1}$$

式中　f——乙酸乙酯的相对校正因子；

A_1——标样 f 值测定时内标的峰面积；

A_2——标样 f 值测定时乙酸乙酯的峰面积；

ρ_1——内标物乙酸正戊酯的质量浓度，mg/mL；

ρ_2——标准品乙酸乙酯的质量浓度，mg/mL。

$$\rho = f \times \frac{A_3}{A_4} \times I$$

式中　ρ——样品中乙酸乙酯的质量浓度，mg/mL；

f——乙酸乙酯的相对校正因子；

A_3——样品中乙酸乙酯的峰面积；

A_4——添加于样品中内标乙酸正戊酯的峰面积；

I——内标乙酸正戊酯溶液的质量浓度，mg/mL。

✍【结果评价】

评分内容	评分项	评判类型	评分指标	指标分数描述	配分	得分
实验准备（20 分）	个人健康、安全、仪器设备准备	测量	熟悉现场健康、安全和环境保护内容，写出相应措施	若实验操作正式开始前，未在报告纸上撰写相关内容，扣除所有分数；若内容缺项，按要点平均扣分	4	
		测量	全过程个人防护用品穿戴	若未按要求正确穿戴口罩、实验服、护目镜、手套等，扣除所有分数	3	
		测量	全过程无破碎玻璃器皿	如果不满足要求，扣除所有分数	2	
		测量	实验室器具贴标签	对于易混用玻璃器皿，若有一个未贴标签，扣除所有分数	2	
		测量	实验全过程干净整洁，无试剂溢出和洒落	如果不满足条件，扣除所有分数（去离子水可有些许洒落，须随手擦干）	2	
		测量	标签识读和试剂选用	如果不能正确识读和选用英文标识，导致药品试剂选择错误，扣除所有分数	4	
		测量	在专用容器中处理废弃物	如果未在专用容器中处理废弃物，扣除所有分数	3	
实验操作（25 分）	溶液配制、样品制备、含量测定、文明操作	测量	内标溶液的配制	如果未按规范操作，不得分	1	
		测量	测定校正因子溶液的配制	如果未按规范操作，不得分	1	
		测量	样品溶液的配制	如果未按规范操作，不得分	1	
		测量	配套设备氢气发生器的检查	如果未按规范操作，每错 1 次扣除 1 分，直至扣完为止	2	
		测量	开关机顺序正确	如果未按规范操作，每错 1 次扣除 1 分，直至扣完为止	3	
		测量	气压控制合理	如果未按规范操作，每错 1 次扣除 1 分，直至扣完为止	2	
		测量	温度参数设定正确	如果未按规范操作，每错 1 次扣除 1 分，直至扣完为止	2	
		测量	流量设置合理	如果未按规范操作，每错 1 次扣除 1 分，直至扣完为止	2	
		测量	正确进样	如果未按规范操作，每错 1 次扣除 1 分，直至扣完为止	2	
		测量	原始数据记录	原始数据记录及时，须用规范纸张记录，规范改正数据，不缺项	2	
		测量	重大操作失误	存在重测行为，扣除所有分数	3	
		评判	工作场地组织和管理	工作场地混乱，玻璃仪器、试剂用完后未及时归位（未做完实验得 0 分）	1	
				工作场地有序，玻璃仪器、试剂用完后及时归位，个别仪器未及时归位	2	

续表

评分内容	评分项	评判类型	评分指标	指标分数描述	配分	得分
实验操作（25 分）	溶液配制、样品制备、含量测定、文明操作	评判	工作场地组织和管理	工作场地管理规范有序，所有玻璃仪器、试剂及时归位	3	
				工作场地管理规范有序，所有玻璃仪器、试剂及时归位且使用了其他的高效工作场地管理方法	4	
结果报告（55 分）	数据处理、撰写报告	测量	计算校正因子 *f*	未正确计算，扣除所有分数	5	
		测量	有效数字保留与修约	如果有效数字保留或修约不正确，扣除所有分数	3	
		测量	样品测定的精密度	相对相差≤5%，不扣分；5% < 相对相差≤10%，扣 4 分；10% < 相对相差≤15%，扣 8 分；相对相差 > 15%，扣 12 分；未平行测定 2 次，不得分	12	
		测量	样品测定的准确度	∣相对误差∣ ≤4%，不扣分；4% < ∣相对误差∣ ≤8%，扣 5 分；8% < ∣相对误差∣ ≤12%，扣 10 分；∣相对误差∣ > 12%，扣 15 分；未平行测定 2 次或精密度未得分，均不得分	15	
		评判	报告编制	报告数据项目不全，结构混乱，无结论	5	
				报告数据项目全面且有结论，工作流程不连贯，结构不完整	10	
				报告数据全面且有正确结论，结构完整，且工作流程清晰	15	
				报告数据全面且有正确结论，结构完整，工作流程清晰，且包含科学的论据和创新内容	20	
合计					100	

想一想 练一练

1. 根据《工业用乙酸酯类试验方法》（GB/T 12717—2007），采用毛细管柱法测定乙酸乙酯的含量时，为什么要减去样品中水的质量分数？

2. 新填充柱和毛细管柱在使用前需要老化处理，目的是什么？

3. 当出现平台峰的时候，我们可以采取哪些方法来调整呢？

4. 质量浓度和质量分数如何换算？

知识拓展

1. 乙酸乙酯的挥发性比较强，称量时应该先在容器内加入 60% 乙醇溶液，并且及时盖好盖子，防止挥发。

2. 根据《工业用乙酸酯类试验方法》（GB/T 12717—2007），测定乙酸乙酯的含量使用的是面积归一法。面积归一法不能作为准确定量的方法，仅在特定情况下使用。

3. 本次实验采用的是内标法，内标法多用在国际标准和规定比较严格的方法中。

4. 内标法的特点是不严格要求进样量和仪器稳定性；只对所测组分做校正；目标组分、内标和其他组分分离开；必须在样品中加内标组分。

对接世赛

1. 请结合本次实训，说明哪些健康与安全措施是必要的。

2. 请结合本次实训，说明需要哪些环境保护措施。

3. 撰写报告：请完成一份报告，内容包括实验过程中必须做好的健康、安全、环境保护措施，实验中的物料计算和过程记录、数据处理、结果的评价和问题分析。

4. 查阅相关专业英语资料，写出该任务实训中涉及的玻璃仪器、设备、化学试剂等的专业英语。

任务二　化妆品中防腐剂苯甲醇的含量测定

任务书

苯甲醇又名苄醇，是一种常见的防腐剂，可用于大多数护肤品和化妆品中，最大限用量为1%。化验人员需要按照《化妆品安全技术规范（2022 年版）》，使用气相色谱法对车间送检的爽肤水产品进行防腐剂苯甲醇的含量分析，并出具检验结果报告单。

任务分析

苯甲醇有些许芳香气味，抗革兰氏阳性菌活性较强，抗霉菌能力较弱，苯甲醇、苯甲酸及其盐是常见的防腐剂之一。苯甲醇大鼠口服 LD50 为 3.19 g/kg，有麻醉作用，对眼部、皮肤和呼吸系统有强烈的刺激，我国及欧盟规定化妆品中防腐剂苯甲醇最大使用浓度为 1%。按照《化妆品安全技术规范（2022 年版）》的技术要求，可以使用气相色谱法或液相色谱法测定化妆品中苯甲醇的含量，从而判断化妆品是否符合国家的限量要求。

本任务主要是用给定的仪器及试剂测定化妆品中防腐剂苯甲醇的含量，从而判断市场销售的化妆品是否合格。具体内容包括：

①制定实训方案。

②列举实训中的健康与安全、环境保护措施。

③配制指定的实验试剂溶液。

④制备化妆品试液。

⑤测定化妆品中防腐剂苯甲醇的含量。

⑥处理数据并撰写工作报告。

⑦实验室组织与管理。

学习目标

知识目标	能力目标	素质目标
1. 讲述化妆品中常用的防腐剂种类及作用； 2. 讲述苯甲醇防腐剂的使用对人体的危害； 3. 解释化妆品中苯甲醇含量测定的前处理方法； 4. 解释外标法进行定量测定的原理； 5. 说出柱温程序升温的操作和作用； 6. 说出气相色谱法测定化妆品中防腐剂苯甲醇含量的原理和步骤； 7. 列举实训中存在的健康与安全、环境保护措施	1. 制定气相色谱法测定防腐剂苯甲醇含量的实训方案； 2. 配制指定的实验试剂溶液； 3. 示范气相色谱仪的调试和使用； 4. 展示标准系列溶液和待测物试液的配制过程； 5. 展示气相色谱法测定防腐剂苯甲醇含量的过程； 6. 计算防腐剂苯甲醇的含量； 7. 评价实训结果，展示工作报告	1. 遵守操作规程，爱惜仪器设备； 2. 营造规范、整洁、有序的工作环境； 3. 独立思考、发现问题、解决问题； 4. 提高安全意识、质量意识和环保意识； 5. 实验室组织与管理（8S 管理）

思政融入点

序号	授课内容	思政融入点
1	学生签到	职业规范和职业道德的培养和教育
2	化妆品的生产	民族自豪感和爱国情怀
3	防腐剂的作用及危害	诚实为本、操守为重的道德风尚； 积极维护化妆品安全的使命感和责任担当
4	苯甲醇含量的检验	标准意识、安全意识、环保意识； 团队合作精神、创新精神、职业道德、一丝不苟的工作态度
5	实训结束工作	职业素养、劳动精神、环保意识

知识平台

我国美容化妆品市场是一个充满活力的市场，也是全世界最大的新兴市场。经过多年的迅猛发展，我国化妆品行业从小到大，由弱到强，从简单粗放到科技领先、集团化经营，形成了一个初具规模、极富生机活力的产业大军。随着消费者对个人护理和美容的需求日益增加，这无疑为化妆品市场的蓬勃发展提供了强劲动力。据中国香料香精化妆品工业协会的数据，2023 年中国化妆品销量突破 3 000 亿元人民币，相比之前年份的增长势头更为迅猛，展现出市场的巨大潜力和活力。

化妆品防腐剂是指为抑制化妆品中微生物生长繁殖而添加到化妆品中的物质。常用的防腐剂有以下几种：①醇类防腐剂，如苯甲醇、乙醇。②酚类防腐剂，如苯酚。③尼泊尔金类防腐剂，对羟基苯甲酸甲酯、对羟基苯甲酸乙酯是目前在化妆品中使用频率相对较高的防腐剂。④有机酸防腐剂，如山梨酸、水杨酸等。不同防腐剂的作用机理和毒副作用完全不同。

在化妆品中添加苯甲醇，能起到抑制护肤品中的微生物生长作用，延长护肤品的保质期。但苯甲醇对皮肤有一定的致痘风险和致敏性，对于皮肤不耐受的人可能会刺激、损伤其皮肤。目前，苯甲醇依然广泛地应用于各种护肤产品中，在允许范围内使用相对来说是安全的。

》任务实施

★【采用标准】

《化学试剂　标准滴定溶液的制备》（GB/T 601—2016）、《分析实验室用水规格和试验方法》（GB/T 6682—2008）、《化妆品中防腐剂苯甲醇的测定　气相色谱法》（GB/T 24800.11—2009）、《化妆品安全技术规范（2022 年版）》

●【方法原理】

样品处理后，经气相色谱仪分离、氢火焰离子化检测器检测，根据保留时间定性、峰面积定量，以标准曲线法计算含量。

本方法对苯甲醇的检出限为 0.001 2 μg、定量下限为 0.003 9 μg、取样量为 1.0 g 时，检出浓度为 0.001 2%、最低定量浓度为 0.004%。

▲【仪器试剂】

<table>
<tr><th colspan="4">仪器和试剂</th><th>准备情况</th></tr>
<tr><td rowspan="9">主要仪器</td><td colspan="3">气相色谱仪：HP－FFAP 石英毛细管色谱柱（30 m×0.25 mm×0.25 μm，硝基对苯二甲酸改性的聚乙二醇），或等效色谱柱；氢火焰离子化检测器</td><td rowspan="9"></td></tr>
<tr><td>名称</td><td>规格</td><td>数量</td></tr>
<tr><td>微量进样器</td><td></td><td></td></tr>
<tr><td>超声波清洗器</td><td></td><td></td></tr>
<tr><td>涡旋振荡器</td><td></td><td></td></tr>
<tr><td>恒温水浴锅</td><td></td><td></td></tr>
<tr><td>容量瓶</td><td></td><td></td></tr>
<tr><td>移液管/移液枪</td><td></td><td></td></tr>
<tr><td>针式过滤器</td><td></td><td></td></tr>
<tr><td>试剂</td><td colspan="3">爽肤水试样、标准品苯甲醇（色谱纯）、无水乙醇</td><td></td></tr>
</table>

◆【任务操作】

1. 配制指定的实验试剂溶液

苯甲醇标准储备溶液（1.0 mg/mL）：称取苯甲醇标准品约 0.1 g（精确到 0.000 1 g）置于 100 mL 容量瓶中，用无水乙醇溶液定容至刻度。该储备液应在 0～4 ℃冰箱冷藏保存。

2. 配制苯甲醇标准系列溶液及绘制标准工作曲线

准确分别吸取苯甲醇标准储备溶液（1.0 mg/mL）0.00 mL、1.00 mL、2.00 mL、3.00 mL、4.00 mL、5.00 mL 置于6个10 mL容量瓶中，用无水乙醇定容至刻度，得到浓度为0.00 mg/mL、0.10 mg/mL、0.20 mg/mL、0.30 mg/mL、0.40 mg/mL、0.50 mg/mL的标准系列溶液。

待色谱仪基线稳定后，取标准系列溶液分别进样进行色谱分析，以标准系列溶液浓度为横坐标、峰面积为纵坐标，绘制标准曲线。

3. 样品测定

分别称取两份样品0.5～1.0 g（精确到0.000 1 g）置于10 mL容量瓶中，加入5 mL无水乙醇涡旋振荡，使样品与提取溶剂充分混匀，超声提取20 min，用无水乙醇稀释至刻度，混匀后转移至10 mL刻度离心管中，以5 000 r/min离心5 min。上清液经0.45 μm滤膜过滤，滤液作为样品溶液备用。

样品待测溶液进样，根据保留时间定性，测得峰面积，根据标准曲线得到待测溶液中苯甲醇的浓度，计算出样品中苯甲醇的含量。

平行测定2次。用相对相差表示测定结果的精密度，结果保留3位有效数字。

苯甲醇标准储备溶液的配制：精确称量标准品苯甲醇________g，放入______，用_______稀释至刻度摇匀。

苯甲醇标准系列溶液的配制：精确量取苯甲醇标准储备溶液______mL、______mL、_______mL、_______mL、_______mL、_______mL放入6个________，瓶中预先装________，加入________定容至刻度摇匀。

样品溶液的配制：精确称量两份样品________g、________g，放入________，加入________涡旋振荡，______提取20 min，用_________稀释至刻度，混匀后转移至__________中，以5 000 r/min离心5 min。上清液经__________过滤，滤液作为样品溶液备用。

▼【数据记录】

仪器条件	温控系统	进样口温度	
		检测器温度	
		柱箱温度	恒温/程序升温
	气路系统	载气种类及流量	
		氢气流量	
		空气流量	
	进样系统	进样方式	分流/不分流，分流比：
		进样量	

序号	储备溶液体积/mL	浓度 ρ/（mg/mL）	峰面积	保留时间
1				
2				
3				
4				
5				
6				

序号	质量 m/g	峰面积	保留时间	浓度 ρ/（mg/mL）
样品 1				
样品 2				

☯【结果计算】

$$\omega = \frac{\rho \times V}{m \times 1\ 000} \times 100\%$$

式中　ω——爽肤水中苯甲醇的质量分数,%；

ρ——从标准曲线中得到苯甲醇的浓度，mg/mL;

V——样品定容体积，mL;

m——样品质量，g。

✍【结果评价】

评分内容	评分项	评判类型	评分指标	指标分数描述	配分	得分
实验准备（20 分）	个人健康、安全、仪器设备准备	测量	熟悉现场健康、安全和环境保护内容，写出相应措施	若实验操作正式开始前，未在报告纸上撰写相关内容，扣除所有分数；若内容缺项，按要点平均扣分	4	
		测量	全过程个人防护用品穿戴	若未按要求正确穿戴口罩、实验服、护目镜、手套等，扣除所有分数	3	
		测量	全过程无破碎玻璃器皿	如果不满足要求，扣除所有分数	2	
		测量	实验室器具贴标签	对于易混用玻璃器皿，若有一个未贴标签，扣除所有分数	2	
		测量	实验全过程干净整洁，无试剂溢出和洒落	如果不满足条件，扣除所有分数（去离子水可有些许洒落，须随手擦干）	2	
		测量	标签识读和试剂选用	如果不能正确识读和选用英文标识，导致药品试剂选择错误，扣除所有分数	4	
		测量	在专用容器中处理废弃物	如果未在专用容器中处理废弃物，扣除所有分数	3	

续表

评分内容	评分项	评判类型	评分指标	指标分数描述	配分	得分
实验操作（25 分）	溶液配制、样品制备、含量测定、文明操作	测量	苯甲醇储备溶液的配制	如果未按规范操作，不得分	1	
		测量	标准系列溶液的配制	如果未按规范操作，不得分	1	
		测量	样品溶液的制备	如果未按规范操作，每错 1 次扣除 1 分，直至扣完为止	3	
		测量	配套设备氢气发生器的检查	如果未按规范操作，不得分	1	
		测量	开关机顺序正确	如果未按规范操作，每错 1 次扣除 1 分，直至扣完为止	2	
		测量	气压控制合理	如果未按规范操作，每错 1 次扣除 1 分，直至扣完为止	2	
		测量	温度参数设定正确	如果未按规范操作，每错 1 次扣除 1 分，直至扣完为止	2	
		测量	流量设置合理	如果未按规范操作，每错 1 次扣除 1 分，直至扣完为止	2	
		测量	正确进样	如果未按规范操作，每错 1 次扣除 1 分，直至扣完为止	2	
		测量	原始数据记录	原始数据记录及时，须用规范纸张记录，规范改正数据，不缺项	2	
		测量	重大操作失误	存在重测行为，扣除所有分数	3	
		评判	工作场地组织和管理	工作场地混乱，玻璃仪器、试剂用完后未及时归位（未做完实验得 0 分）	1	
				工作场地有序，玻璃仪器、试剂用完后及时归位，个别仪器未及时归位	2	
				工作场地管理规范有序，所有玻璃仪器、试剂及时归位	3	
				工作场地管理规范有序，所有玻璃仪器、试剂及时归位且使用了其他的高效工作场地管理方法	4	
结果报告（55 分）	数据处理、撰写报告	测量	有效数字保留与修约	如果有效数字保留或修约不正确，扣除所有分数	2	
		测量	标准曲线的相关系数	$r \geqslant 0.9995$，不扣分；$0.9995 > r \geqslant 0.9990$，扣 3 分；$r < 0.9990$，扣 6 分	6	
		测量	样品测定的精密度	相对相差≤4%，不扣分；4% < 相对相差≤8%，扣 4 分；8% < 相对相差≤12%，扣 8 分；相对相差 > 12%，扣 12 分；未平行测定 2 次，不得分	12	

续表

<table>
<tr><th>评分内容</th><th>评分项</th><th>评判类型</th><th>评分指标</th><th>指标分数描述</th><th>配分</th><th>得分</th></tr>
<tr><td rowspan="5">结果报告（55 分）</td><td rowspan="5">数据处理、撰写报告</td><td>测量</td><td>样品测定的准确度</td><td>|相对误差| ≤4%，不扣分；4% < |相对误差| ≤8%，扣 5 分；8% < |相对误差| ≤12%，扣 10 分；|相对误差| > 12%，扣 15 分；未平行测定 2 次或精密度未得分，均不得分</td><td>15</td><td></td></tr>
<tr><td rowspan="4">评判</td><td rowspan="4">报告编制</td><td>报告数据项目不全，结构混乱，无结论</td><td>5</td><td></td></tr>
<tr><td>报告数据项目全面且有结论，工作流程不连贯，结构不完整</td><td>10</td><td></td></tr>
<tr><td>报告数据全面且有正确结论，结构完整，且工作流程清晰</td><td>15</td><td></td></tr>
<tr><td>报告数据全面且有正确结论，结构完整，工作流程清晰，且包含科学的论据和创新内容</td><td>20</td><td></td></tr>
<tr><td>合计</td><td colspan="4"></td><td>100</td><td></td></tr>
</table>

想一想 练一练

1. 什么是方法的检出限？

2. 《化妆品安全技术规范（2022 年版）》中检测苯甲醇的方法有气相色谱法和液相色谱法，两种方法各有什么优缺点？

3. 恒温和程序升温各有什么优缺点？

4. 当苯甲醇的分离度不好时，可以采取哪些措施来提高分离度？

5. 气相色谱仪常用的检测器有哪些？分别使用哪种气体当载气？

6. 通过保留时间对物质进行定性，保留时间相同就能断定一定是相同的化合物吗？

知识拓展

1. 外标法是实验室最常用的定量方法，定量结果准确，其特点是不需所有峰都流出或被检测到；该组分必须和其他物质准确分离；需要标准样品；仪器必须有良好的稳定性；只对所测组分做校正。

2. 气相色谱法定量分析，当采用手工进样时，由于留针时间和室温等的影响，使进样量不易精确控制，对操作手法有较高的要求。

3. 进样需注意的问题：手不要拿注射器针头；吸样时要慢、快速排出再慢吸，反复几次；要特别留意是否有气泡，将注射器针尖朝上气泡上升到顶部再推动针杆排除气泡。

4. 判断 FID 检测器是否点着火的方法：观察基线是否突然上升；用带抛光面的扳手凑

近检测器出口，观察其表面有无水汽凝结。

对接世赛

1. 请结合本次实训，说明哪些健康与安全措施是必要的。

2. 请结合本次实训，说明需要哪些环境保护措施。

3. 撰写报告：请完成一份报告，内容包括实验过程中必须做好的健康、安全、环境保护措施，实验中的物料计算和过程记录、数据处理、结果的评价和问题分析。

4. 查阅相关专业英语资料，写出该任务实训中涉及的玻璃仪器、设备、化学试剂等的专业英语。

任务三　保健食品中维生素 C 的含量测定

任务书

某品牌的维生素 C 咀嚼片是市场上一款很受欢迎的儿童保健食品，检验人员需要对市场上抽检的某批次的该产品进行含量分析。请利用高效液相色谱法测定其含量，并出具检验结果报告单。

任务分析

维生素 C 为白色或黄色晶体或粉末，无臭，易溶于水，稍溶于乙醇，不耐热，是强还原剂，微量金属离子可加速其氧化。在酸性（pH = 3.4 ~ 4.5）溶液中比在碱性溶液中稳定。

本任务主要是用给定的仪器及试剂测定保健食品中维生素 C 的含量，参照《食品安全国家标准　食品中抗坏血酸的测定》（GB 5009.86—2016）测定维生素 C 咀嚼片中维生素 C 的含量，从而判断产品是否合格。具体内容包括：

①制定实训方案。

②列举实训中的健康与安全、环境保护措施。

③配制指定的实验试剂溶液。

④制备保健食品试液。

⑤测定保健食品中维生素 C 的含量。

⑥处理数据并撰写工作报告。

⑦实验室组织与管理。

学习目标

知识目标	能力目标	素质目标
1. 讲述高效液相色谱仪的主要结构及各部件的作用； 2. 说出高效液相色谱仪的种类和适用范围； 3. 说出流动相前处理的方法和步骤； 4. 解释外标法进行定量测定的原理； 5. 说出高效液相色谱法测定保健食品中维生素 C 含量的原理和步骤； 6. 列举实训中存在的健康与安全、环境保护措施	1. 制定高效液相色谱法测定保健食品中维生素 C 含量的实训方案； 2. 配制指定的实验试剂溶液； 3. 示范高效液相色谱仪的调试和使用； 4. 展示标准系列溶液和待测物试液的配制过程； 5. 展示高效液相色谱法测定保健食品中维生素 C 含量的过程； 6. 计算保健食品中维生素 C 的含量； 7. 评价实训结果，展示工作报告	1. 遵守操作规程，爱惜仪器设备； 2. 营造规范、整洁、有序的工作环境； 3. 独立思考、发现问题、解决问题； 4. 提高安全意识、质量意识和环保意识； 5. 实验室组织与管理（8S 管理）

思政融入点

序号	授课内容	思政融入点
1	学生签到	职业规范和职业道德的培养和教育
2	维生素 C 的发现历史	善于观察、积极思考、勇于尝试的科学精神教育
3	维生素 C 的检测方法	创新精神、职业道德、劳动精神、工匠精神的职业素养培养
4	维生素 C 含量的检验	认真严谨的工作作风、科学求真的职业素养和专业认同感的培养
5	实训结束工作	职业素养、劳动精神、环保意识的培养

知识平台

维生素 C 是一种水溶性维生素，是人体维持生长发育与健康所必需的营养素，其主要来源为新鲜蔬菜和水果。如果人体缺乏维生素 C 容易患坏血病，所以，它又被称为抗坏血酸。人体无法合成维生素 C，只能通过食物摄取。

维生素 C 的发现历史也是一个曲折的故事，如今它已经是家喻户晓的营养素。我们的生活条件和健康状况有了极大的改善，生活中应注意多吃新鲜蔬菜和水果。按照《中国居民膳食营养指南（2022）》中的建议，成人每天的维生素 C 适宜摄入量为 100 mg。但如果生活在城市中，接触电子产品多，受空气污染影响较重，精神压力大等，应适当增加维生素 C 的摄入量。

任务实施

★【采用标准】

《化学试剂　标准滴定溶液的制备》（GB/T 601—2016）、《食品安全国家标准　食品中抗坏血酸的测定》（GB 5009. 86—2016）

● 【方法原理】

试样中的维生素 C（抗坏血酸）用偏磷酸溶液超声提取后，以离子对试剂为流动相，经反相色谱柱分离，用紫外检测器（波长 245 nm）测定抗坏血酸的含量，以色谱峰的保留时间定性，以外标法定量。

▲【仪器试剂】

<table>
<tr><th colspan="2">仪器和试剂</th><th>准备情况</th></tr>
<tr><td>主要仪器</td><td>高效液相色谱仪：C_{18}色谱柱（柱长 250 mm、内径 4. 6 mm、粒径 5 μm）或等效色谱柱；紫外检测器
<table>
<tr><th>名称</th><th>规格</th><th>数量</th></tr>
<tr><td>微量进样器</td><td></td><td></td></tr>
<tr><td>容量瓶</td><td></td><td></td></tr>
<tr><td>移液管/移液枪</td><td></td><td></td></tr>
</table></td><td></td></tr>
<tr><td>试剂</td><td>维生素 C 咀嚼片试样、维生素 C 标准对照品、偏磷酸（含量以 HPO_3 ≥38%）、磷酸三钠、磷酸二氢钾、浓磷酸、L－半胱氨酸、十六烷基三甲基溴化铵（色谱纯）、甲醇（色谱纯）</td><td></td></tr>
</table>

◆【任务操作】

1. 配制指定的实验试剂溶液

维生素 C 标准储备溶液（1. 0 mg/mL）的制备：称取维生素 C 标准对照品约 0. 1 g（精确到 0. 000 1 g）置于 100 mL 容量瓶中，加入 20 mL 40 g/L 的 L－半胱氨酸溶液，用 20 g/L 偏磷酸溶液定容至刻度。该储备液应在 2～8 ℃避光条件下保存一周。

2. 配制维生素 C 标准系列溶液及绘制标准工作曲线

分别精密量取一定体积的维生素 C 标准储备溶液（1. 0 mg/mL）置于 100 mL 容量瓶中，用 20 g/L 偏磷酸溶液定容至刻度，得到浓度为 0 μg/mL、0. 5 μg/mL、5. 0 μg/mL、10. 0 μg/mL、25. 0 μg/mL、50. 0 μg/mL 的标准系列溶液。

待色谱仪基线稳定后，取标准系列溶液分别进样进行色谱分析，以标准系列溶液浓度为横坐标、峰面积为纵坐标，绘制标准曲线。

3. 样品测定

取维生素 C 咀嚼片样品研磨成粉末后，混匀，分别称取两份样品约 1. 0 g（精确到 0. 000 1 g）置于烧杯中，用 20 g/L 偏磷酸溶液溶解，并转移至 50 mL 容量瓶中，定容至刻度。然后全部转移至 50 mL 离心管中，超声提取 5 min 后，以 4 000 r/min 的转速离心 5 min。

准确吸取 20 mL 上清液于 50 mL 离心管中，加入 10 mL 40 g/L 的 L－半胱氨酸溶液，用 100 g/L 磷酸三钠溶液调节 pH 值至 7. 0～7. 2，以 200 次/min 振荡 5 min。再用磷酸调节 pH 值至 2. 5～2. 8，用水将试液全部转移至 50 mL 容量瓶中，定容至刻度。混匀后经 0. 45 μm 水相滤膜过滤，滤液作为样品溶液备用。

样品待测溶液进样，根据保留时间定性，测得峰面积，根据标准曲线得到待测溶液中维生素 C 的浓度，计算出样品中维生素 C 的含量。

平行测定 2 次。用相对相差表示测定结果的精密度，结果保留 3 位有效数字。

维生素C标准储备溶液的配制：精确称量维生素C对照品 ____________g，放入____________，加入______________，用________稀释至刻度摇匀。

维生素C标准系列溶液的配制：精确量取维生素C标准储备溶液 ________mL、______mL、__________mL、__________mL、__________mL、__________mL放入6个______________，用____________定容至刻度摇匀。

样品溶液的配制：精确称量两份样品 __________g、__________g，放入__________，加入__________溶解，并转移至__________中，定容至刻度。然后全部转移至 ____________，超声提取5 min后，以4 000 r/min的转速离心5 min。准确吸取____________于50 mL离心管中，加入10 mL __________ 溶液，用100 g/L磷酸三钠溶液调节pH值至__________，以200 次/min振荡5 min。再用磷酸调节pH值至__________，用水将试液全部转移至__________中，定容至刻度。混匀后经0.45 μm水相滤膜过滤，滤液作为样品溶液备用。

▼【数据记录】

仪器条件	色谱柱类型	
	柱箱温度	
	流动相的组成	
	流动相流速	
	检测器类型	
	检测波长	
	进样量	

序号	储备溶液体积/mL	浓度 ρ/（μg/mL）	峰面积	保留时间
1				
2				
3				
4				
5				
6				

序号	质量 m/g	峰面积	保留时间	浓度 ρ/（μg/mL）
样品 1				
样品 2				

☯【结果计算】

$$X = \frac{\rho \times V}{m \times 10^3} \times F \times 100$$

式中　X——咀嚼片中维生素 C 的分数，mg/100 g；

ρ——从标准曲线中得到维生素 C 的浓度，μg/mL；

V——样品定容体积，mL；

m——样品质量，g；

F——稀释倍数；

100——换算系数。

✍【结果评价】

评分内容	评分项	评判类型	评分指标	指标分数描述	配分	得分
实验准备（20 分）	个人健康、安全、仪器设备准备	测量	熟悉现场健康、安全和环境保护内容，写出相应措施	若实验操作正式开始前，未在报告纸上撰写相关内容，扣除所有分数；若内容缺项，按要点平均扣分	4	
		测量	全过程个人防护用品穿戴	若未按要求正确穿戴口罩、实验服、护目镜、手套等，扣除所有分数	3	
		测量	全过程无破碎玻璃器皿	如果不满足要求，扣除所有分数	2	
		测量	实验室器具贴标签	对于易混用玻璃器皿，若有一个未贴标签，扣除所有分数	2	
		测量	实验全过程干净整洁，无试剂溢出和洒落	如果不满足条件，扣除所有分数（去离子水可有些许洒落，须随手擦干）	2	
		测量	标签识读和试剂选用	如果不能正确识读和选用英文标识，导致药品试剂选择错误，扣除所有分数	4	
		测量	在专用容器中处理废弃物	如果未在专用容器中处理废弃物，扣除所有分数	3	
实验操作（25 分）	溶液配制、样品制备、含量测定、文明操作	测量	维生素 C 储备溶液的配制	如果未按规范操作，不得分	1	
		测量	标准系列溶液的配制	如果未按规范操作，不得分	1	
		测量	样品溶液的制备	如果未按规范操作，每错 1 次扣除 1 分，直至扣完为止	3	
		测量	正确使用涡旋振荡器	如果未按规范操作，不得分	1	
		测量	正确使用超声仪	如果未按规范操作，不得分	1	
		测量	正确使用离心机	如果未按规范操作，不得分	1	
		测量	开关机正确	如果未按规范操作，每错 1 次扣除 1 分，直至扣完为止	2	
		测量	正确排气	如果未按规范操作，每错 1 次扣除 1 分，直至扣完为止	2	
		测量	波长设定正确	如果未按规范操作，不得分	1	

续表

评分内容	评分项	评判类型	评分指标	指标分数描述	配分	得分
实验操作（25分）	溶液配制、样品制备、含量测定、文明操作	测量	流速设置正确	如果未按规范操作，不得分	1	
		测量	正确进样	如果未按规范操作，每错1次扣除1分，直至扣完为止	2	
		测量	原始数据记录	原始数据记录及时，须用规范纸张记录，规范改正数据，不缺项	2	
		测量	重大操作失误	存在重测行为，扣除所有分数	3	
		评判	工作场地组织和管理	工作场地混乱，玻璃仪器、试剂用完后未及时归位（未做完实验得0分）	1	
				工作场地有序，玻璃仪器、试剂用完后及时归位，个别仪器未及时归位	2	
				工作场地管理规范有序，所有玻璃仪器、试剂及时归位	3	
				工作场地管理规范有序，所有玻璃仪器、试剂及时归位且使用了其他的高效工作场地管理方法	4	
结果报告（55分）	数据处理、撰写报告	测量	有效数字保留与修约	如果有效数字保留或修约不正确，扣除所有分数	2	
		测量	标准曲线的相关系数	$r \geqslant 0.999\ 9$，不扣分；$0.999\ 9 > r \geqslant 0.999\ 5$，扣3分；$r < 0.999\ 5$，扣6分	6	
		测量	样品测定的精密度	相对相差≤3%，不扣分；3%＜相对相差≤6%，扣4分；6%＜相对相差≤10%，扣8分；相对相差＞10%，扣12分；未平行测定2次，不得分	12	
		测量	样品测定的准确度	|相对误差|≤4%，不扣分；4%＜|相对误差|≤8%，扣5分；8%＜|相对误差|≤12%，扣10分；|相对误差|＞12%，扣15分；未平行测定2次或精密度未得分，均不得分	15	
		评判	报告编制	报告数据项目不全，结构混乱，无结论	5	
				报告数据项目全面且有结论，工作流程不连贯，结构不完整	10	
				报告数据全面且有正确结论，结构完整，且工作流程清晰	15	
				报告数据全面且有正确结论，结构完整，工作流程清晰，且包含科学的论据和创新内容	20	
合计					100	

想一想 练一练

1. 使用紫外检测器时为什么要选择最大吸收波长?
2. 等度洗脱和梯度洗脱各有什么优缺点?
3. 如果样品只有单一组分（没有其他杂质存在），改变哪些条件可以缩短实验时间?
4. 本实验为什么以离子对试剂为流动相?

知识拓展

1. 由于维生素 C 对光不稳定，故本实验应避光操作，整个实验均用棕色容量瓶定容，流动相脱气后尽量不要引起气泡。

2. 维生素 C 易氧化，配制的溶液不宜久置，稀释后要迅速测定。

3. 由于维生素 C 具有较强还原性，很容易被氧化，故选择 L－半胱氨酸为还原溶液，将测定溶液中所有氧化型维生素 C 转化为还原型维生素 C。同时，维生素 C 在酸性溶液中稳定，故本实验以 20 g/L 的偏磷酸溶液为提取溶剂，从而保持样品溶液稳定，确保实验准确可行。

4. 维生素 C 测定的常用方法有 2，6－二氯酚靛酚滴定法、碘滴定法、2，4－二硝基肼比色法、邻苯二胺荧光法、固蓝盐 B 分光光度法。这些方法所需试剂较多，操作步骤烦琐。采用高效液相色谱法测定维生素 C 操作简便、快速、稳定，结果准确可靠。

对接世赛

1. 请结合本次实训，说明哪些健康与安全措施是必要的?

2. 请结合本次实训，说明需要哪些环境保护措施?

3. 撰写报告：请完成一份报告，内容包括实验过程中必须做好的健康、安全、环境保护措施，实验中的物料计算和过程记录、数据处理、结果的评价和问题分析。

4. 查阅相关专业英语资料，写出该任务实训中涉及的玻璃仪器、设备、化学试剂等的专业英语。

考核任务　样品中合成染料的成分测定

一、健康与安全

请说明哪些健康与安全措施是必要的，按要求执行。

二、环境保护

请说明是否需要采取环境保护措施。

三、原理

反相色谱是基于一定条件下通过色谱柱的化合物分离，其中非极性固定相与极性流动相结合使用。固定相是化学键合到硅胶上的十八烷基链。流动相是水与有机溶剂的混合物，用于提高有机离子和部分离子化有机物的分离。

使用分光光度法在适当波长下进行鉴别。

四、考核目标

1. 选择检测波长。
2. 制备已知染料的标准溶液。
3. 识别样品中的未知物。
4. 制作报告。

五、色谱条件

时间/min	体积分数/%	
	A	B
0.01	70	30
12.5	50	50
13.5	20	80
15.5	20	80
17.5	70	30
19.5	70	30

进样量	20 μL
流速	1 mL/min
柱温	40 ℃
流动相 A	0.001 mol/L 四丁基氢氧化铵溶解在 0.01 mol/L 磷酸二氢钠溶液中，pH = 4.3 ~ 4.4
流动相 B	乙腈

复合名称	结构式	复合名称	结构式
E110（日落黄）	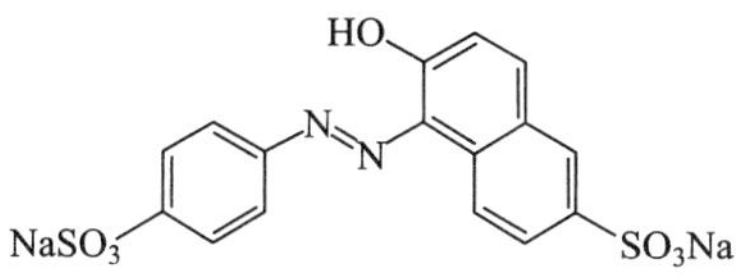	E122（偶氮玉红）	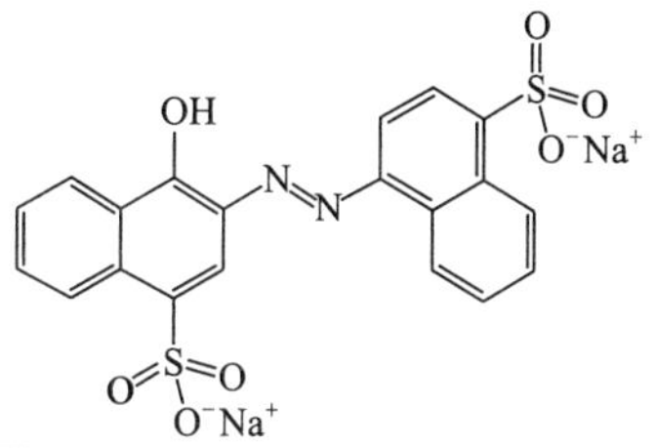
E124（胭脂红）	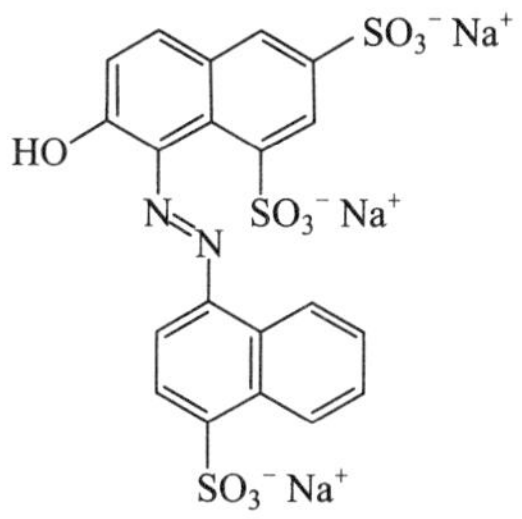	E131（专利蓝 V）	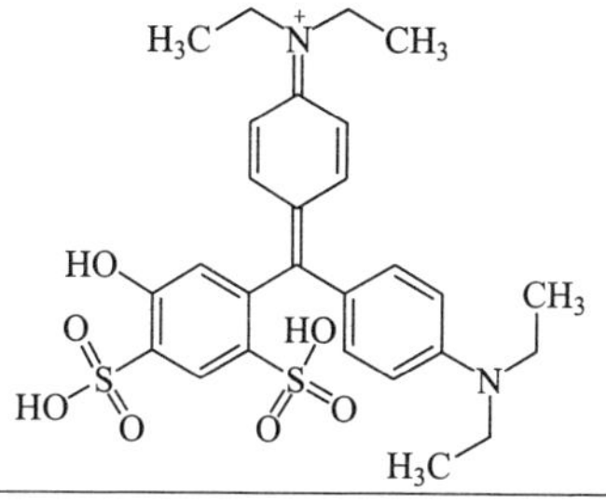
E129（诱惑红）	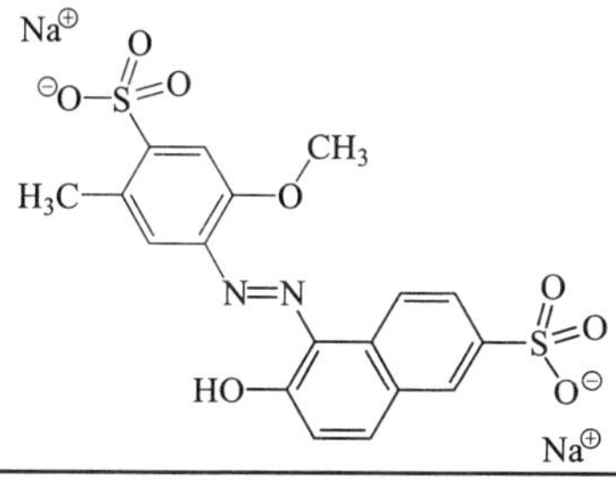		

六、设备、 试剂与溶液

分析天平（精度为 0.1 mg）、比色皿、高效液相色谱（岛津 LC－20）、色谱柱（Luna® 颗粒形状－球形、粒径 5 μm、固定相为 C18、孔径 100Å、尺寸 250 mm × 4.6 mm）、保护柱（C18 4.0 mm × 3.0 mm）、单通道移液枪	不同规格的移液管、不同规格的具塞容量瓶、不同规格的烧杯、玻璃样品瓶（12 mm × 32 mm、2 mL）、注射器过滤器、注射器、称量瓶、不同规格的漏斗、不同规格的量筒	E110（日落黄）、E124（胭脂红）、E129（诱惑红）、E122（偶氮玉红）、E131（专利蓝 V）、蒸馏水或去离子水

七、实验

1. 制备 4 份标准储备液，浓度约为 1.25 g/L，包含下列物质：E110（日落黄）、E124（胭脂红）、E129（诱惑红）、E122（偶氮玉红）和 1 份含有 E131（专利蓝 V）标准溶液，浓度为 0.25 g/L。

2. 将每种染料分别用蒸馏水或去离子水稀释 50 倍，混合。

3. 用 1 cm 比色皿的分光光度计分别测量每种储备溶液的可见吸收光谱（380 ~ 740 nm），必要时再稀释。

4. 从得到的光谱中选择两个吸收波长，用于 HPLC 分析样品中合成色素的组成。

5. 准备色素的单一或混合工作标准溶液。

6. 准备用于 HPLC 分析的溶液，E110、E124、E129 和 E122 溶液的浓度为 25 mg/L，E131 溶液的浓度为 5 mg/L。

7. 使用注射器过滤器过滤溶液，将 2 mL 的滤液转移到样品瓶中。

8. 通过 HPLC 分析制备的溶液。

9. 用蒸馏水或去离子水稀释样品 2 次，混合。

10. 使用注射器过滤器过滤获得的溶液，将 2 mL 的滤液转移到小瓶中并拧上盖子。

11. HPLC 分析样品溶液。

12. 从所获得的色谱图中读出或计算出 5 种物质的以下参数：

①保留时间（t_R）和对称因子（A_S）。

②测量结果汇总在一个表格中，并用于识别样本中的峰所对应的物质。

③识别样品中的峰并计算相邻峰之间的分离度（R）。

④列出样品中存在的所有色素。

对接世赛

1. 请结合本次实训，说明哪些健康与安全措施是必要的。

2. 请结合本次实训，说明需要哪些环境保护措施。

3. 撰写报告：请完成一份报告，内容包括实验过程中必须做好的健康、安全、环境保护措施，实验中的物料计算和过程记录、数据处理、结果的评价和问题分析。

4. 查阅相关专业英语资料，写出该任务实训中涉及的玻璃仪器、设备、化学试剂等的专业英语。

样品中合成染料的成分测定电子报告

一、请说明实验中哪些试剂和设备可能对个人及团队的健康、安全造成伤害。

二、实验过程数据记录

序号	色素名称	保留时间 t_R	对称因子 A_S	检测波长
1				
2				
3				
4				
5				

峰号	保留时间	色素名称
1		
2		
3		
4		
5		

三、计算

$$R = \frac{2(t_{R_2} - t_{R_1})}{W_2 + W_1}$$

式中　R——分离度，两个相邻峰的分离程度；

t_{R_1}——组分 1 的保留时间；

t_{R_2}——组分 2 的保留时间；

W_1——组分 1 的半峰宽；

W_2——组分 2 的半峰宽。

结果保留小数点后一位。

四、实验结论

五、环境保护措施

✍【结果评价】

评分内容	评分项	评判类型	评分指标	指标分数描述	配分	得分
实验准备（20 分）	个人健康、安全、仪器设备准备	测量	熟悉现场健康、安全和环境保护内容，写出相应措施	若实验操作正式开始前，未在报告纸上撰写相关内容，扣除所有分数；若内容缺项，按要点平均扣分	4	
		测量	全过程个人防护用品穿戴	若未按要求正确穿戴口罩、实验服、护目镜、手套等，扣除所有分数	3	
		测量	全过程无破碎玻璃器皿	如果不满足要求，扣除所有分数	2	
		测量	实验室器具贴标签	对于易混用玻璃器皿，若有一个未贴标签，扣除所有分数	2	
		测量	实验全过程干净整洁，无试剂溢出和洒落	如果不满足条件，扣除所有分数（去离子水可有些许洒落，须随手擦干）	2	
		测量	标签识读和试剂选用	如果不能正确识读和选用英文标识，导致药品试剂选择错误，扣除所有分数	4	
		测量	在专用容器中处理废弃物	如果未在专用容器中处理废弃物，扣除所有分数	3	

续表

评分内容	评分项	评判类型	评分指标	指标分数描述	配分	得分
实验操作（35分）	溶液配制、样品制备、含量测定、文明操作	测量	储备溶液的配制	若计算不正确或溶液未制备，每种溶液扣除1分，直至扣完为止	5	
		测量	光谱记录	如果未记录，每漏1种溶液扣除1分，直至扣完为止	5	
		测量	波长设置	如果波长设置不是最大吸收波长，每错1次扣除2分	4	
		测量	标准工作溶液的配制	如果未按规范操作，每错1次扣除1分，直至扣完为止	4	
		测量	样品制备	如果未按规范操作，不得分	1	
		测量	开关机正确	如果未按规范操作，每错1次扣除1分，直至扣完为止	2	
		测量	正确排气	如果未按规范操作，不得分	1	
		测量	波长设定正确	如果未按规范操作，不得分	1	
		测量	流速设置正确	如果未按规范操作，不得分	1	
		测量	正确进样	如果未按规范操作，每错1次扣除1分，直至扣完为止	2	
		测量	原始数据记录	原始数据记录及时，须用规范纸张记录，规范改正数据，不缺项	2	
		测量	重大操作失误	存在重测行为，扣除所有分数	3	
		评判	工作场地组织和管理	工作场地混乱，玻璃仪器、试剂用完后未及时归位（未做完实验得0分）	1	
				工作场地有序，玻璃仪器、试剂用完后及时归位，个别仪器未及时归位	2	
				工作场地管理规范有序，所有玻璃仪器、试剂及时归位	3	
				工作场地管理规范有序，所有玻璃仪器、试剂及时归位且使用了其他的高效工作场地管理方法	4	
结果报告（45分）	数据处理、撰写报告	测量	有效数字保留与修约	如果有效数字保留或修约不正确，扣除所有分数	2	
		测量	保留时间的确认	如果不正确，每错1次扣除1分，直至扣完为止	5	
		测量	对称因子的计算	如果未计算或计算错误，每错1次扣除1分，直至扣完为止	5	
		测量	未知样品中峰值的识别	如果至少有一个峰值未识别正确，扣除所有分数	5	

续表

评分内容	评分项	评判类型	评分指标	指标分数描述	配分	得分
结果报告（45分）	数据处理、撰写报告	测量	分离度的计算	如果未计算或计算错误，每错1次扣除1分，直至扣完为止	8	
		评判	报告编制	报告数据项目不全，结构混乱，无结论	5	
				报告数据项目全面且有结论，工作流程不连贯，结构不完整	10	
				报告数据全面且有正确结论，结构完整，且工作流程清晰	15	
				报告数据全面且有正确结论，结构完整，工作流程清晰，且包含科学的论据和创新内容	20	
合计					100	

参考文献

[1] 沈磊，季剑波. 化学实验室技术 [M]. 北京：化学工业出版社，2021.

[2] 王炳强，谢茹胜. 世界技能大赛化学实验室技术培训教材 [M]. 北京：化学工业出版社，2020.

[3] 聂英斌. 无机及分析化学 [M]. 北京：化学工业出版社，2016.

[4] 李田霞，燕来敏. 无机及分析化学 [M]. 北京：化学工业出版社，2021.

[5] 黄一石，吴朝华. 仪器分析 [M]. 4 版. 北京：化学工业出版社，2020.

[6] 于晓萍. 仪器分析 [M]. 3 版. 北京：化学工业出版社，2022.

[7] 白立军. 仪器分析检验技术 [M]. 北京：化学工业出版社，2022.